MerLin

Your Business Solution

MerLin

Your Business Solution

MerLin

Your Business Solution

財報的秘密

——探索財報數字內涵，掌握公司價值變化

張漢傑 著

目錄

《推薦序》

行政院經建會前副主委　葉萬安

股票市場是資本市場的兩大主體之一，而股票市場的組成份子即是眾多的上市上櫃公司。股票市場是一個國家或地區的經濟櫥窗，表徵著該國或該地區的經濟發展和成長概況。環顧全球，不管是先進或後進國家無不重視資本市場的深度與廣度，我國政府自不例外。

回顧台灣的股票市場在 1962 年成立時只有 8 家上市公司，總計實收資本額僅新台幣 8.53 億元，然而截至 2009 年 9 月底，上市公司家數（不包含上櫃家數 551 家）已成長至 730 家的規模，實收資本額則大幅成長至新台幣 58,283 億元，同時上市公司總市值也達至 191,078 億元。由此，我們不但見證了台灣經濟四十餘年來的成長軌跡，也見識了國人在財富上的豐厚累積。

雖然資本市場的規模已然被當今各國政府認為是象徵經濟實力的重要指標，惟不能否認的是市場一直被不切實際的衍生性金融商品及人為炒作因素干擾，導致市場不定期地出現激烈波動，嚴重的話，甚至衝擊一國的經濟發展和金融穩定。例如 2008 年中發生的全球金融危機導致 2009 年全球經濟大衰退，即是 2000 年以來美國次級房貸過度包裝成衍生性商品所致；而台灣股市在 1980 年代後半期的泡沫化，亦是人為因素炒作，造成市場價格與公司價值完全脫鉤。職是之故，強調市場監理制度的有效運行及建立透明有序的金融環境就變得刻不容緩，這方面台灣近年來已有相當改善，頗值得令人欣慰。

萬安自 1953 年進入經建會前身的經安會工業委員會服務，以迄 1992 年自經建會退休，40 年間均從事經濟計畫的設計，政策研擬，經濟情勢與問題分析，以及各項因應方案的研擬，均與經濟統計為依據，整日與數字為伍，深知總體經濟的數據研判誠如公司財務的數字解讀，必須先做好基本功夫才能透析數字背後的意義。其次，也感悟到國家經濟要發達，領導人的思維與操守相當重要，此好比一家企業的成敗，決定於經營者的誠信與策略，只要方向稍偏或意念不堅，一切努力都會付諸東流。因此，上市公司若能務實耕耘，勤勞精進，其盈餘能力自然豐碩，如果政府施政作為又配合得當，那麼一國的經濟實力即可以在資本市場展現。

本書《財報的秘密》，以財務會計學理做基礎，又有諸多上市（櫃）公司做案例探討，綜合學術與實務概念，且融合企業成敗經驗，閱讀價值相當高。在充滿不確定性的資本市場中，閱讀本書不僅可以獲取財務管理的寶貴經驗，也能建立以財會為本的防禦性投資觀念。本書作者張漢傑君是我的小學弟，多年來在財務分析實證研究上累積豐富心得，今將職場經驗回饋並加諸財務學理驗證出書，很值得大家參考。目前他擔任上海財經大學台灣校友會的秘書長，年輕有為勇於任事，在校友聯誼會中曾聊到他的工作之一即是著書寫作。前些時日他和我提起本書的內涵並請我作序，在談話中可以感受他的專業與歷練，爰特別推薦本書給讀者，祝願大家讀書好、好讀書、及讀好書。

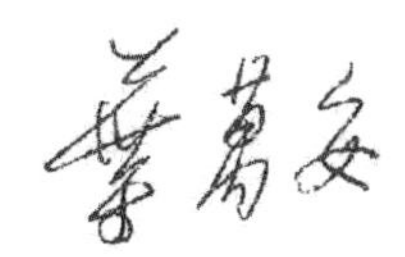

《推薦序》

資誠會計師事務所所長　薛明玲會計師

上海財經大學客座教授張漢傑博士之大作《財報的秘密—探索財報數字內涵，掌握公司價值變化》，係張博士以深厚之會計及財務報表分析理論基礎，配合其擔任上市(櫃)公司董監事之實務經驗，引用近年來國內企業發生的各種典型案例，用平易的文字表達，透徹而深入加以解析。本書是國內財報分析相關書籍中，少數兼具理論與實務的經典之作。

本書內容分為四大篇，包括損益流動篇、企業安全篇、公司價值篇與股權策略篇。**損益流動篇**跳脫一般財務報表分析書籍之理論及各項比率分析，而是以企業三大財務報表與人生三大習題為引言，闡述企業財務報表的內涵，同時以宏觀的角度分析與企業營運息息相關的各項數據，並針對大眾熟知的每股盈餘（EPS）延伸對經營績效的觀察及分析。在**企業安全篇**中則對企業存亡有攸關影響的長期股權投資、舉債及財務槓桿等重要項目加以解析，並說明危機企業的三槓效應（財務槓桿、營運槓桿及股權槓桿），同時提出危機公司復活或改造之方式及要件。

公司價值篇不僅介紹學理上所稱之「杜邦財務模型」及「Z-Score」，同時分析「面值、淨值及市值」的關係。作者同時建議報表分析者應綜合多項企業指標來評估公司之價值，而非僅著重於所謂的「本益比」。

股權策略篇中分析轉換公司債、特別股、減資、庫藏股及股權控制行為等企業常見之財務管理方法。書中不但詳細介紹各項財務管理方法的本質，並將其對企業價值所產生的影響加以深入淺出的闡述。

張漢傑博士在會計師事務所及證券業服務多年，在業界深獲佳評。隨後赴上海財經大學進修，並以財務危機模型做為研究主題，順利取得博士學位。過去幾年常以財務報表相關主題發表專文、並在知名大學之 EMBA 演講及授課。其常將企業界發生之事件，由財務報表切入分析，並將心得刊載在其部落格「Jerry 財報知識網」中與人分享，是國內少數專研財務報表的專業人士。

本人擔任會計師近三十年，常與企業負責人、財務主管討論企業決策及報表表達，充分體認真實財務報表之重要性。工作之餘亦任教於 EMBA，並常應邀為企業董監事、法律界人士等分享如何解析企業財務報表，深切感受到財務報表不會騙人，關鍵在閱讀報表者如何解析其內涵。閱讀完張漢傑博士所著之《財報的秘密》初稿，深為佩服其對財報分析領域之專注，及撰寫文章之用心，並樂於為其推荐。相信讀者閱讀完本書之精闢內容後，一定可以對企業財務報表有更深入的認知及瞭解。

Albert Hsueh

《推薦序》

上海財經大學校長助理　方華博士

認識張漢傑博士是在2003年秋季他剛進入上海財經大學攻讀博士時，記得他帶來了自己發表的文章來拜訪我，希望能為他引薦博士指導教授。2004年春季他致贈他的第一本新書給我，書名是《活學活用財報資訊》，還說去職就讀博士就是想做一件自己喜歡的事。儘管我們倆的專業略有不同，但從書的內涵與框架確實感受他的用心。2006年底漢傑順利通過博士論文答辯，2007年夏季他又送了我第二本著作，書名是《破解財務危機》，係由他的博士論文主題轉化而成，在增添許多台灣危機公司案例分析後更加凸顯他的學以致用。今秋他請我為他的第三本新書《財報的秘密》作序，個人感受他對專業的熱忱與執著，義不容辭的答應。

每一本新書一定都有它的中心思想與立論基礎，《財報的秘密》一書也不例外，它彙集了作者多年的職場實證經驗及學術研究心得，係屬產教合一教學相長的好材料。綜觀本書的論述，本人謹提出二項重點與讀者分享。同時也對於漢傑博士在財會領域的精深研究，表達個人的崇高敬意。

1. 以古喻今，生動寫實

在許多章節中作者開頭即以中國傳奇朝代的人物做標誌，將王朝經營比喻為公司管理，有其一脈相通的深刻見解。事實上公司有無作為全然定奪在領導人的英明與否，當領導人從股權運行中取得經營大權後，他的權利就如同古代的皇權，可以有所作為，也可能為所欲為。管理得當的公司能夠活過百年，經營不善則很可能失敗滅亡，此皆是人為因素，且與古代的王朝經營有異曲同工之妙。

2. 豐富案例，栩栩如生

書中每個章節末皆提供上市公司的成敗案例，而且案例橫跨中、美、台三地區的上市公司，資訊詳實分析縝密，又不失輕鬆活潑。例如，我注意到了貴州茅台和金門高粱的存貨特色，就是愈存愈有價值，但有些商品存貨卻是不能存太久，相信讀者通過會計數字與產業特性說明後，不僅能夠從中體會財報在企業管理上的功能，亦能發現它在投資運用上的價值。書中有這麼多樣且豐富的案例做襯托，如同綠葉紅花，充滿可看性。

古云：「書山有路勤為徑，學海無涯苦作舟」，能夠將長年積累的心得付梓的確需要勤奮不懈與苦中作樂。希望漢傑博士百尺竿頭，持續精進，嘉惠學子與大眾，謹以為序。

方华
經濟學博士
2009 年 10 月 19 日於上海

《推薦序》

安侯建業會計師事務所執行董事　蔡松棋會計師

財務報表是一連串會計數字累積、歸納、調整、與結算後的產物。它是企業溝通的語言，經營績效的觀測站，也是判別企業體質好壞的檢查表，更是衡量公司價值的關鍵密碼。《財報的秘密》一書，以財報為核心架構，進行各項數字的揭密解讀，讓我們看到了企業根、莖、葉、果的真實情況，及其相互的因果關係，確實令人大開眼界，收穫豐碩。

事實上，台灣有關財會領域的發行書籍豐富多樣，惟以上市（櫃）公司為骨幹並將財報數字與公司價值變化做連接的書，則不多。很高興，我的好友漢傑兄他做到了，而且還寫的很生動，很寫實，具備了學術為根與實務為用的閱讀價值。

與漢傑兄相識相知已有十餘年，我們不僅是扶輪社多年的好弟兄，也是上海財經大學台灣校友會的好夥伴。不管在工作職場或社團活動中，他總是以誠待人且勤勉負責，尤其令我感恩惜緣的是在籌設財大校友會期間體現了他的真誠與熱忱。所謂吾道一以貫之，這本新書就像他職場多年的專業寫照，一脈相承有為有守。早年他先在會計師事務所服務打下紮實的會計審計基礎，繼之轉業至證券商發展各項業務，並開始將工作心得投稿《實用稅務》及《會研月刊》等知名刊物，後來再去職赴上海財大攻讀博士學位，一路走來皆以財會為主體的職場生涯，可謂豐富精彩及廣博專精。因為有多年財會工作經驗和孜孜不倦的學理研究，才堆積了本書各篇精華章節，個人認為能夠將財報生硬的數字描述地如此軟性又言之有物，不脫俗，真的需要熱情和專業。

在本書案例中讓我印象深刻的是亞歷山大健身事業的財務危機。多年以前我有個客戶與亞歷山大是同業，其產業特質具有先天的財務優勢，即先收款再提供服務。記得有次該負責人問起如何運用預收會員的大額現金，我嚴謹的告知，這些預收款都是您的負債應該保持流動性與安全性，千萬不要存有投機念頭，她接受了我的建議，至今她的事業愈做愈大，這當然與其建立的信用有密切關係。由此觀之，財報數據除了可以解釋產業性質外，也能夠反映經營者的誠信作為，所謂數字會說話，即是如此。

個人從事會計師簽證業務已有多年，期間撰寫多本著作和論述，也曾在大學講課或參與兩岸各地的演講及座談，深深感受財報是企業管理的有力工具及投資分析的有效利器，同時也發現各界人士對認識財報有濃厚的興趣。值此本書發行之際，本人很樂意推薦給大家，一本書就是一份智慧與心得，相信通過本書完整具體的分析說明，讀者定能受益良多。

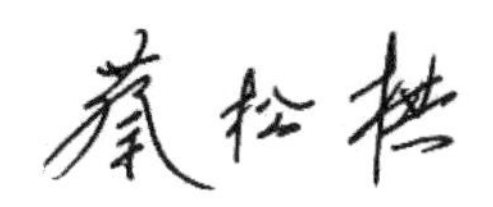

《導讀》

張漢傑博士

《財報的秘密》是一本數字說真話的書，通過三大報表的數字內涵解釋企業在人物、產物、財務等三方面的興衰起落，並與公司價值做銜接，說出價值的真諦。

事實上，企業在上市上櫃後，每個交易日都會有個價格陪伴它，將這個價格拉長時間至一年以上，取個年均價換算總市值，就能看到企業中長期的價值變化。排除宏觀經濟的系統風險後，我們發現公司價值背後最大支撐數據無非是企業的成績單與體檢表。成績單可以藉損益表及現金流量表觀察，體檢表則透過資產負債表檢視，一個是流量，另一個是存量，兩者點滴成線及面的資訊交流，即是吾人評估公司價值高低的重要依據。如果訊息無法快速、確實、完整的連接傳遞，或解讀資訊欠缺宏觀精細，那麼資訊的不對稱與被扭曲將會造成決策的失誤與失當。因此，財報的秘密即是資訊的秘密，追本溯源更是經營者成敗的秘密，若訊息能夠充分透明，財報就沒有秘密，效率市場於焉出現。

從 2004 年的《活學活用財報資訊》到 2007 年的《破解財務危機》，再至本書《財報的秘密》，筆者努力嘗試從財報各面向來解讀企業優質與否，並分析公司價值高低與財報強弱的密切關係，據此提供在管理面和投資面的有利佐證。期間曾有學員詢問，財報是屬落後性資訊，而投資是往前看，何以能符需求。筆者的回答是：就如醫生看病要先望聞問切，氣象播報員要看圖說勢，命理師要察顏觀色，甚至美國大聯盟職棒挖角也是先審視過往攻守紀錄，然而他們的研判並不一定準確，但通過當下的情境分析確實能提供適足的訊息做遵循，財報分析正是如此，如果無法從財報「望聞問切」掌握公司的優劣勢，又何能稱的上是投資呢？尤其有些質量不佳的公司，透過財報分析更能防患未然，因此財報資訊大部分訊息落後是事實，但透過及時與前瞻性訊息補足後，它的運用價值並不落人後。

本書分為四篇 21 章，主要的內容構思來自於兩年來個人財報部落格的短篇，並結合一年來在會計研究月刊發表的「EMBA 財報教室」專欄文章，經過整理分析研擬架構後得之。其中個人認為最有意義與最耗費心思，也值得讀者瀏覽的是各章末的「案例分析」，這些代表性的樣本公司大都是掛牌多年且具流動性的公司，從它們財報的長相與表現反應的價值興衰，證明財報具有萬流歸宗的因果解釋能力。基於歷史會一再重演的法則，未來上市 (櫃) 公司的市場戲碼也一定會重複演出，讀者若能掌握這些財報秘密，相信能夠趨吉避凶。

《財報的秘密》首篇是「損益流動篇」包含六章，主要以損益表、現金流量表，以及與經營能力有關的流動資產項目——應收款項和存貨，為探討題材，重點聚焦在企業的損益和流動能力對公司價值的重要性。首章從財務三大報表與人生三大習題說起，三大報表代表著企業的安全性、獲利性、與流動性，此正如人生的健康、生計、與情感等三大習題。接著，筆者分析損益表上營收與三利、三率的關係，及每股盈餘起落對公司價值的長期變化，從台積電與聯電兩大公司 15 年來的營收、盈餘、現金流的變化，比較它們的市值起伏，證明企業價值中長期的高低確實與主營業務強弱息息相關。另外，股利分配模式攸關公司的成長能量及產業結構內涵，甚或大股東的經營心態；而探索現金流量的虛實與應收款項及存貨的經營能力，更能見證企業管理能力的良窳，大凡績效卓越的公司它們在這方面的控管能力皆是有目共睹，所謂現金流量的正循環即是強調賺了多少錢必須也賺進了相對等以上的營業現金流入，如此公司價值才能蒸蒸日上。

「企業安全篇」共有五章，主要分析資產負債表上資產與負債配置及均衡的質量關係，從中體現資產負債表是企業安全防禦的大本營，並說明企業安全性高低與價值破壞能量的對稱關係。第七章"長期股權投資是變形金剛還是變形蟲"，強調認識與管理長投股權的重要性，往往危機公司病因都是由資產管理不當而起。第八章至十一章的主題大部集中在債權與股權的分析研究，從舉債經營要有本事到槓桿操作高低度，我們清楚地發現企業的危機秘密，除了融資金額與獲利能力必須取得平衡外，更重要的是董事會中應有負責任的控制股東。若是股權過度分散(即股權槓桿高)，一旦企業面臨惡劣環境，很有可能就會發生三槓效應過重的後遺症。從台灣四家DRAM公司的財務困境，可以了解為何南科(2408)能夠快速脫離危機險境，而力晶與茂德仍然以拖待變，這些狀況造成的價值興衰也能夠從財報數字中得到答案。另外，筆者分析上市危機公司復活再生的機率只有7%，預防危機遠比治療危機還重要，而資產負債表係屬存量累積的數據，在危機偵測上發揮了一定程度的預警效果。

「公司價值篇」包括五章，主要內容係從財報的各項價值指標進行分析，以能研判公司價值的虛實，並探討財報的盈餘和淨值內涵對公司價值的影響力，進而發現績優與績差公司的財報秘密。我們從杜邦財務方程式貫穿三大報表的流程分析，配合案例說明可以找到公司價值高低的秘密。另外，在運用本益比 (PE) 及市淨比 (PB) 時應該注意盈餘來源、產業特質、及淨值濃度，也做了充分說明。由於 PE 與 PB 是財報上顯而易見的價值指標，如果無法掌握其中涵義，即容易掉入未蒙其利反受其害的陷阱。此外，筆者也整理 Z 分數研判危機公司的模型，同時也提出了加入非財務因素的應用觀點，以能完善地區別好壞公司。

最後在「股權策略篇」的五個章節中，筆者提供了上市公司可能會採行的股權策略工具，並對這些策略工具的背景因素及其對公司價值的影響做了程度分析。從轉換公司債與特別股的發行到減資與庫藏股的戰略運作，再至股權控制行為的操作，我們看到上市公司股權策略的日出與日落計畫。在股本日出的膨脹計畫中，必須觀察上市公司每增加一元股本是否市值也等幅以上的成長，而在股本日落的緊縮計畫中，則要注意企業管理當局是否出現偏差行為。例如，一方面大量多次地實施庫藏股，另一方面又大額增發股票。企業股權策略的運行無非是要圖謀發展和改善體質，最終目的當然是公司價值的增長，如果決策行為不當，或股權控制無度，其價值失落自然難免。

能夠完成這本書，筆者要感謝的人有很多，包括師長、前輩、好友、與家人等。感謝行政院經建會前副主委葉萬安先生、資誠會計師事務所所長薛明玲會計師、上海財經大學校長助理方華博士、安侯建業會計師事務所執行董事蔡松棋會計師等四位先進為本書作序，讓本書增添光彩。值得一提的是葉萬安先生，他是上海財經大學前身上海商學院於 1948 年畢業的資深學長，年逾八十有餘，在台 61 年，長期為台灣經濟發展奉獻心力，至今身體康健耳聰目明，每週仍為報社寫社論，在彰師大 EMBA 班的講座中，深深感受他的學養風範，值得吾等晚輩敬佩效尤。另外，梅霖文化負責人施宣溢先生的出書敦促和意見諮詢，助益良多，在此一併感謝。內人陳麗玲女士長期衷心支持，一直是我的動力泉源，讓我無後顧之憂，能夠有心有力做自己想做的事，情義無價，在此表達滿滿謝意。

在這還是要強調，凡是價值不滅的公司都能在財報看到優良因子，而價值失落的公司也會在財報找到處處傷痕。另外，本書所有數字幾乎來自證交所的公開資觀測網站，筆者也以負責任的態度分析解讀，若有疏漏，還望各界先進不吝指正。最後，祝願讀者讀書不輸，開卷有益。

損益流動篇

第一章

財務三大報表與人生三大習題

三大報表與三大習題緊密相關

在一次聚會中，聽了一位老友說起她與先生創業的人生經歷，她說為幫忙先生完成創業理想，她透過不錯的私交說動友人參與投資並成為最大股東，她先生則是小股東但為實際的經營者（總經理），由於時機與策略正確加上積極進取和勤勉打拼，公司在景氣蓬勃發展下，很快的實現了豐富盈餘。不過因經營理念不同，最後卻分道揚鑣，她先生另起爐灶完全掌權，事業愈做愈大，雖然完成了夢想但卻疏忽了身體維護與家庭照顧，致健康出現警訊，夫妻感情也不佳，最後病魔奪走了她的先生。這位友人感嘆當初若沒有幫她先生積極募資，可能不會有此不幸遭遇，雖然她不後悔，總是言談之中帶些感傷，讓人聽了有些不捨。

其實人生的際遇本就無常，得失苦樂無法事先度量，更不易事後彌補。人生的三大困難與問題始終環繞著我們一生，這三大問題分別是『生計問題』、『健康問題』、與『情感問題』，終其一生我們都在為這三大問題努力不懈，並試圖在其中得到最大均衡與滿足。若把這三大問題（或稱三大習題），將之與財務報表的三大報表（註 1）比較，其實還存在著一定的關聯性。例如，生計問題如同「損益表」，在我們進入職場以後就是為了想步步高升或是合夥創業而奮鬥，以能享受權力與財富，這與損益表的功能很類似，如果不認真生產行銷，不做好管理，哪能賺錢，哪有盈餘可分配；健康問題（包含身心靈）好比「資產負債表」，能否

註 1：財務報表應該有四張大表，其中「股東權益變動表」僅說明各權益項目的年度變化，在解讀財報時並不如其他三張大表廣博精深，所以本文不納入分析比喻。

安居樂業高枕無憂，身心平衡與健康相當重要，好比公司財務結構健全才能平安過渡不景氣，甚至進行購併的擴張策略；而情感問題（包括愛情、親情與友情）則宛如「現金流量表」，企業主必須兼顧家庭、員工、股東、與個人的情感交流與溝通，否則一方有難就會阻礙感情流動造成公司上下交相惡，這好似現金流量表的三大流量循環（營業、投資、融資）貫穿資產負債表與損益表，萬一沒顧好營業現金流（如家庭情感交流），問題即會蔓延至投資與融資活動，最後波及至生計與健康問題的惡化。

學習平衡人生三大習題

財報的每個數據都是從會計資訊借貸平衡而來，會計數字若無法借貸平衡，財報數據就會失真，那麼，它的利用價值將大打折扣。同理可推，人生的三大習題若無法借貸平衡，很有可能我們功成名就或獲利豐碩了，卻因平衡不當而失去了健康或是感情；也有可能因過度沉溺情感交流（如愛情）而影響生計發展，或是因拋棄情感包袱而全力投入生計問題，終究在身心健康下搞的有聲有色。

就像績優公司的三大報表般，具備著安全性（資產負債表）、獲利性（損益表）、與流動性（現金流量表）的優良基因，我們也可以將人生的三大習題學習充分的平衡。換言之，讓生計問題聚焦在主營業務上發展且能夠穩當獲利，健康問題應該以安全性為最高指導目標且要注重身心靈的安祥協調，而情感問題則要循環有序的溝通流動且以家庭為最重要的交流站。如此，人生三大習題就像好公司的三大報表，可以豐富康健生生不息。

財報三三三新思惟

將人生的三大習題比喻為財務三大報表的狀況，其實有其根據，因為三大報表的本尊是具有生命力的法人組織，而創造法人生命力的源頭是具個人身分的董監大股東，所以三大報表的數字就是人為因素的結晶，人為因素的努力與否決定了三大報表的強弱。當我們看到一家公司長期能夠健壯厚實，即意味著它的領導班子才德兼備能力非凡，反之則是無才缺德平庸糊塗，簡單的說，企業長期的興衰起落即是領導人三大習題的投射。（註 2）

財務的三大報表除了與人生三習題息息相關外，我們若進一步分析三大報表的背景因素與實質內容，歸納起來還真的與「三」有密切關係，例如資產負債表即包括資產、負債、與權益三大項；損益表的重點不外是「三利」與「三率」，三利指**毛利、營業利益、淨利**，三率指**毛利率、營益率、淨利率**；此外現金流量表則有**營業、投資、與融資**等三大流量活動。其他與三有關的財報濃縮重點，筆者整理如下：

- 三種特性：應計基礎、會計準則、審計。
- 三種原則：重要、配比、穩健。
- 三種內涵：人物、產物、財務。
- 三種元素：安全、流動、獲利。
- 三種訊息：落後、及時、前瞻。
- 三種價值：淨值、實值、市值。

註 2：為讓讀者清楚三大報表完整面貌，謹提供績優公司台積電 (2330) 和危機公司歌林 (1606) 的三大報表如本書最後之附錄。

- 三種學習：技術、藝術、魔術。
- 三種出路：專業、投資、管理。

此其中值得一提的是「三種訊息」，如圖 1-1 包含許多訊息管道，我們每年在四、八、十月看到的季、半年、與年度財報係屬落後性資訊，若以此做股票投資的分析依據可能略嫌不足，應該還要參考及時性和前瞻性資訊補足，以及參酌「三種內涵」中的人物與產物因素，尤其是產業展望與產品競爭力分析，更是影響投資成敗的重大因素；若是做危機公司的預警分析，則落後性的財報資訊，加上三種內涵的人物因素，即董監大股東的股權變化與偏差行為，應該就可抓到要害。另外，「三種學習」中的層次，我們不該玩到作假帳的魔術領域，此偏差行為足以讓人身敗名裂。而「三種出路」的管理者層次，則是「以會計為本，以財報為用」的職場最高境地，如果觀察愈來愈多財務專業人士擔任企業執行長職位，甚至是政府機關副院長大位，即能明白此道理。

圖 1-1　財報訊息架構圖

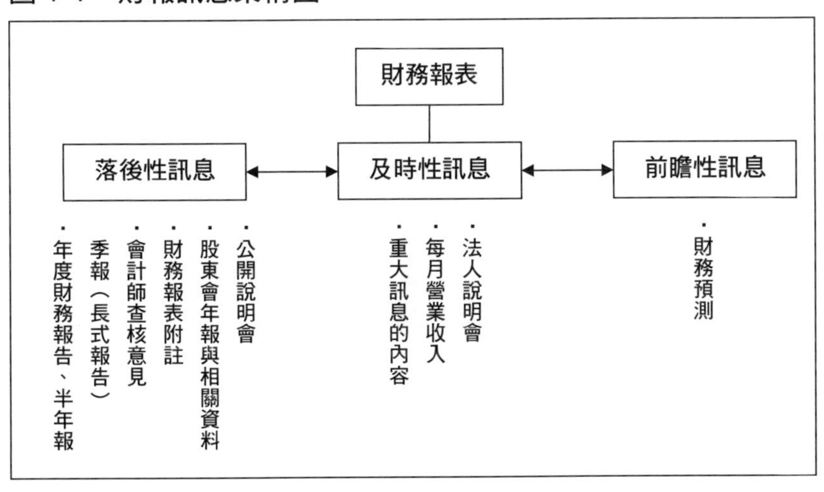

學習心得

1. 財務會計不僅是企業的管理工具，亦是投資人不可或缺的投資工具。
2. 財務三大報表是人生三大習題的濃縮，認真學習平衡和均衡很重要。
3. 只要仔細探索財報沒有秘密，財報反應了人物、產物、與財務真實狀況。

案例分析：解讀 A 公司與 B 公司 40 年來的財報秘密

有次講習會，筆者製作了兩張 A 公司（表 1-1）與 B 公司（表 1-2）的三大報表數據，請學員試著分析回答這兩家公司的財報數字，並說明哪家公司已經下市。接著筆者補充以下背景資料：

1. 這兩家公司創立至今皆逾 40 年，上市掛牌則超過 30 年。
2. 它們主要產品幾乎相同，皆屬終端民生消費必需品，且都屬同一類股票。
3. 它們的董監大股東過往尚屬厚道，為殷實負責的企業家，其中一家是家族事業，另一家則是三大家族和睦共治。
4. 在它們上市掛牌後一段長久時間，經營績效相當出色。（如表 1-3）
5. 2008 年其中一家公司被變更交易後（即全額交割股），不到半年光景即在當年度被主管機關批核下市。

在同學做答之際，筆者順便提到財報分析的基本條件，其一是年度資料一定要 3-5 個年度才算充足完整；其二是財務資訊或比率指標應該包括三大報表數據，才能上下串聯面面俱到；其三是必須與同質性公司比較才能彰顯績效高低。由於學員的看法兩極，甲派學員說A公司還活著，乙派學員則說是B公司還在掛牌交易。筆者請兩造人馬各推一位代表，敘述支持A或B公司的核心理由。

過了一些時間，甲派學員推出的代表說了以下A公司存活B公司滅亡的主要理由：

1. 從營收損益看很清楚，A公司營收每年都在成長，營業利益與淨利也是步步高升；反觀B公司營收損益四年來是節節衰退，虧損慘不忍賭，不賺錢大虧的公司當然下市機會大。
2. B公司的負債比率四年來日益攀高，06-07年已超過70%，雖然A公司近三年負債比率也逾60%，但比較起來，B公司近三年的短期金融負債佔總資產比例卻是高出A公司許多，短債比重大容易出現償債風險，一旦爆發償債危機即容易被變更交易，乃至停市下市。
3. A公司的每股淨值最近四年都在票面額10元以上，然而B公司的卻是每況愈下，至07年底只有5.1元，已達到低於5元被變更交易的臨界點，由於B公司虧損機率遠較A公司高，且B公司各年度股票年均價皆較A公司低，自然它出現危機下市可能性大。

接著，乙派學員推出的代表也不甘示弱的說出，為何是B公司存活A公司滅亡的主要原因：

1. 雖然B公司四年來都發生虧損，而且損失不貲，損益表真的難看。但是，有一點我方認為頗不尋常，那就是為何連年虧損而營業現金流沒有等幅流出，反而有三個年度還是淨流入，分析原因有二，其一是 B 公司收現天數相當正常表示應收款應管控良好；其二是應該有認列當期不流出現金的長期股權投資損失。由此觀之，B 公司抗虧損多年其存活能力應該較強。

2. 再綜合比較 A 公司營收損益、營業現金流量、與應收款收現天數，就發現極不對稱現象，亦即營收年年攀升，但應收帳款增加比例更大（07 年稍緩和），且其佔總資產比例在 07 年達到 40.7%，另外它的收現天數更是離譜，06-07 年要 6 個

表 1-1　A 公司近四年財務和業績概況表　　單位：新台幣億元

項目 / 年度	2007	2006	2005	2004
營業收入	212.1	157.2	138.1	85.4
營業損益 (%)	8.1 (3.8%)	6.7 (4.3%)	4.8 (3.5%)	2.1 (2.5%)
淨利	5.9	3.9	2.9	-1.3
營業現金流	**-13.6**	**-3.5**	**-11.2**	**-6.8**
應收款項 (%)	113.5 (40.7%)	93.9 (34.6%)	72.1 (35.0%)	29.9 (18.6%)
收款天數	178	193	135	128
長期股權投資	62	67	40	41
短期金融負債 (%)	23.7 (8.5%)	44.8 (16.5%)	37.3 (18.0%)	45.8 (28.5%)
負債比率 (%)	62.7	62.9	64.2	58.0
總資產	280	272	206	161
每股淨值 (元)	11.86	12.30	10.51	10.28
年均價 (元)	12.0	9.26	8.95	9.62

資料來源：公開資訊觀測站。

註：營業利益 (%) 代表營業利益率；應收款項包括“應收帳款”與“票據”，(%) 表示佔總資產比率。短期金融負債也如此表示。

月的收現時間，可見生意愈做愈大，資金缺口愈是嚴重，即使帳上賺了錢卻賺不到等量以上的現金流入，代表 A 公司存在著流動性風險。

3. 因為我方認為 A 公司存在流動性風險，相較之下 B 公司的流動性即屬正常，而且 A 公司 07 年底應收款達到 113.5 億元，B 公司只有 16.8 億元，如老師所述，若一發生變更交易就無力回天很快下市，主要因素應該是受制於流動性壓力與資產價值虛盈實虧，顯然的這部分 A 公司遭殃機率會高於 B 公司。

表 1-2 B 公司近四年財務和業績概況表 單位：新台幣億元

項目 / 年度	2007	2006	2005	2004
營業收入	143.1	191.8	252.5	204.6
營業損益 (%)	-16.5 (-11.5%)	-14.3 (-7.5%)	-30.9 (-12.2%)	-6.5 (-3.2%)
淨利	-21.3	-41.0	-54.5	-10.1
營業現金流	**9.4**	**-4.3**	**7.8**	**6.0**
應收款項 (%)	16.8 (9.8%)	28.4 (13.8%)	41.8 (16.3%)	53.6 (20.2%)
收款天數	58	67	70	96
長期股權投資	46	46	71	91
短期金融負債 (%)	47.4 (27.7%)	52.1 (25.6%)	71.0 (27.7%)	36.8 (13.8%)
負債比率 (%)	73.8	70.8	60.3	48.3
總資產	157	180	191	237
每股淨值 (元)	5.10	6.78	7.55	10.41
年均價 (元)	6.98	5.16	5.85	8.96

資料來源：公開資訊觀測站。

註：營業利益 (%) 代表營業利益率；應收款項包括“應收帳款”與“票據”，(%) 表示佔總資產比率。短期金融負債也如此表示。

前述兩派代表的說辭，不知讀者認同哪派的觀點，或者能否猜中這兩家上市公司名稱。其實兩造的說帖都具有說服力，只不過案例的重點在於誰會快速地危機下市。通常像 B 公司這樣連年虧損的公司，假設它以後會下市也是如老兵不死慢慢凋零似的下台，誠如已下市的中興紡織（1408）。如果是快速的危機下市，則一定和流動性陷阱或是經營者惡質偏差行為有關。而流動性危機容易凸顯的數字即是在營收大幅增長後，應收款項收現天數不合理的拉長，以及營業現金流量受應收款項大額積壓資金而出現淨流出，此係 A 公司與 B 公司發生危機的最大差異。所以，本案例的危機下市公司明顯的是 A 公司，至於這兩家的公司名稱則是大家耳熟能詳的家電大廠，A 公司—歌林（代碼 1606）與 B 公司—聲寶（代碼 1604）。歌林公司目前正進行重整，2008 年財報經繼

表 1-3　A 公司與 B 公司 1973-1982 年財報績效比較表

單位：新台幣億元，元

	營業收入		稅後純益		期末股本		每股淨值		股票年均價	
	A 公司	B 公司	A 公司	B 公司	A 公司	B 公司	A 公司	B 公司	A 公司	B 公司
1973	646	1,898	62	101	100	220	15.77	12.92	46.15	31.61
1974	711	2,333	43	103	185	320	12.93	13.93	23.34	19.77
1975	811	2,337	41	103	203	358	13.33	16.20	15.83	17.83
1976	718	3,108	31	117	250	394	13.48	16.48	12.94	20.02
1977	1,085	3,838	71	206	315	550	11.29	15.58	17.13	23.50
1978	1,828	5,888	160	320	400	687	14.48	14.48	29.38	38.26
1979	2,229	6,841	130	328	545	975	12.86	13.68	30.25	34.16
1980	2,125	7,597	77	299	677	1,270	11.89	12.89	16.57	22.91
1981	2,444	7,962	80	129	711	1,500	11.48	11.73	17.44	17.44
1982	2,497	6,640	82	123	711	1,500	12.63	13.04	13.40	12.29

資料來源：《股票操作術》，漢欣文化出版，1983 年 8 月。

任會計師簽證後，大虧新台幣 267.9 億元，每股虧損高達 30.2 元，顯然的，除了流動性危機外，也存在管理者的惡質偏差行為。

圖 1-2 A 公司與 B 公司營業收入

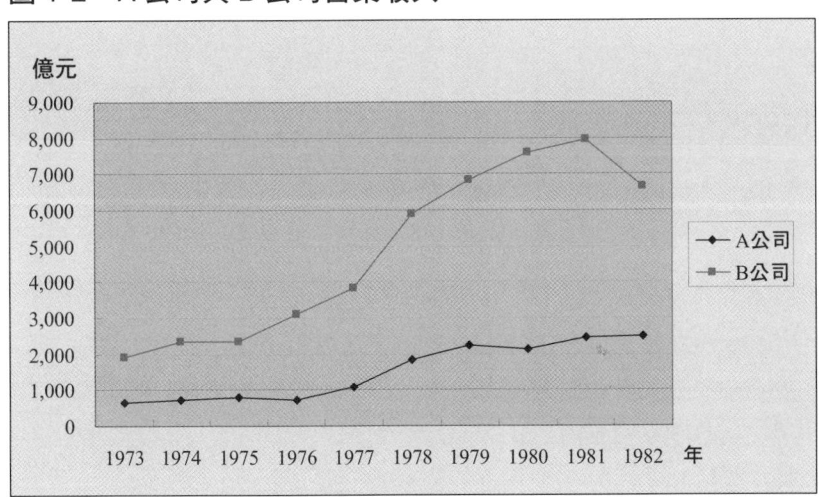

圖 1-3 A 公司與 B 公司稅後純益

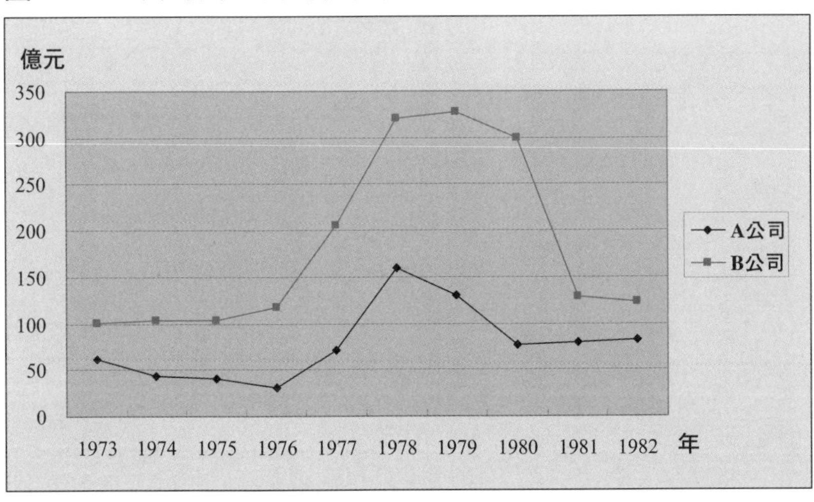

第二章

營業收入、三利、與三率的親密關係

漢武帝開疆闢土如做大營收

在中國歷史各個盛世王朝，君王為能彰顯他的豐功偉績，一定都會用武力向四方用兵，以能達到所謂普天之下莫非王土的神聖使命，並享受臣服與進貢的尊榮。歷史上這些具代表性的皇帝分別有：漢武帝劉徹、唐太宗李世民、元朝的成吉思汗、及清朝的康熙帝，此其中最值得一提的即是漢朝的武帝，他被撰寫漢書的東漢史學家班固評斷為雄才大略的君主，並為日後中國各朝君王開疆拓土建立了標竿典範。漢武帝是西漢第六位皇帝，在文帝與景帝之後，在位長達 55 年（公元前 156 年—公元前 87 年）。為能宣揚漢朝聲威，積極擴充版圖，首先是攻打閩越（今福建），繼之進攻南越（今廣東）與遠征朝鮮，皆順利征服，但血戰匈奴卻沒那麼平順。匈奴是當時西漢王朝最具威脅的敵人，漢武帝在不同時期重用衛青、霍去病、李廣、李廣利等大將，多次用兵將匈奴擊敗並逼退至隴西地區，且透過張騫通西域月氏、大宛等國（今新疆）以夾擊匈奴，並派遣蘇武為漢使疏通匈奴。漢武帝從公元前 129 年首次派衛青出征匈奴至崩逝，期間與匈奴周旋長達 42 年，武帝將漢朝的版圖擴張至現在新疆省天山以南各大城市，他的作為的確讓後世君王效法。（註 1）

古代君王用武力拓展版圖就如當今資本市場各家公司用腦力、財力與勞力拼取營業收入的增長，如果征戰取得更多疆土是為王朝做大做強而賣命，那麼現代上市公司努力創造營收與獲利，其實也是殊途同歸為企業做大做強而奮鬥。版圖與營收的擴大應建立在具偏執狂的英明領導者身上才有作為，此也意味著國

註 1：參酌《人物史記》興國之君，思文堂出版社，蔡爾健編譯。

家聲威與企業獲利將同步增長。版圖擴大讓君王的控制權更形穩固，營收獲利增加則讓經營者的管理權更加穩當，這種良性循環將不斷延續直到遭遇更強大的對手，或是內部出現腐敗特徵後才會變調。職是之故，上市公司創造營收獲利的過程宛如古代帝王揮刀用武的版圖擴張，頗有不進則退不強則弱的壓力。

營收貫穿三大報表影響深遠

營業收入（簡稱營收）在財務報表的損益表中是馬首是瞻，它的新陳代謝貫穿整個財務報表，如營收之高低，直接影響毛利、營業利益與淨利，再至股東權益項下的累積盈虧，而後股利分配，並得知每股淨值及現金流量的高低。而營收之對應科目應收帳款與存貨更是流動資產中的重點資產，乃至固定資產的產能投資，都對營運及長期資金的供輸影響甚大。

營收像是企業的動力火車，營收成長肯定是一家公司的希望，不過有獲利的營收增長更是公司全體上下與股東們的期待。如何觀察一家公司營收的質量好壞，可以歸納下列幾點：

1. 營收「三個代表」的成長明顯是好兆頭，三個代表指月營收、季營收、和年營收皆能循環有序的成長，通常景氣從谷底翻升，三個代表的成長最為明顯。
2. **價漲量增的營收成長最值錢，價跌量增的成長則是賺辛苦錢**。價漲量增表示售價與銷量皆上漲，即營收與毛利率皆上升，通常上游公司具獨特性利基產品較易出現；反觀下游公司是屬價穩量增或價跌量增的成長較多，代表營收與毛利可能會增加但毛利率容易下降。

3. 營收成長賺取的營業利益或本期淨利，顯然地與營業現金流量很對稱，換言之，企業獲利是賺了相對等的現金流入，而不是虛盈實虧。
4. 如果前面三點皆屬正面居多，正常情況股價理應積極正面反應，若股價出現反常下跌，很可能營收成長是假帳真做。

三利是外在美，三率是內在美

在損益表中各項損益率常被定位企業是否具有「內在美」(註2)，這些內在美包括「三率」，即毛利率、營業損益率（簡稱營益率）、和淨利率，通常這三率愈高愈能凸顯企業經營品質之優秀；相對於營收與「三利」，即毛利、營業利益、和淨利等「外在美」的量化數據，內在美的品質確實更能襯托外在美的重要。

毛利率表示企業的製造與銷售能力良窳，製造成本能夠壓低或產品單價可以拉升即能守穩或是提昇毛利率。這項數字被視為企業競爭力的核心力量，主要理由是由它可透視企業營運模式與產品內涵，以及從毛利與毛利率多寡可決定本期大半利潤的高低。我們發現企業能夠長期績優必然有漂亮的毛利率襯托，若能再配合增長有序的營收，其公司價值就會相當誘人。

至於營益率的大小，則取決於所屬行業性質的推銷費用及由企業內部主導的管理費用之高低，營益率不似毛利率存在市場

註2：各項損益率計算以營業收入為基礎，毛利（損）率即毛利（損）除以營收；營業損益率即營業利益（損失）除以營收；淨利（損）率即稅後淨利（損）除以營收。

操控售價特質，營益率全由內部管理者操作，可以說是經營者的績效指標。一般而言，中下游公司因推銷費用無可避免，致其影響營益率高低遠較上游公司明顯。另外，有些營業利益大且每股盈餘高的公司，其營益率不一定較對手高，原因是它會藉降價求售，或增加推銷費用刺激買氣，這就會降低毛利率及營益率，但卻爭取了更多利潤。

另外，淨利率數據代表本業經營效率與業外績效的強弱，其主要影響因素有轉投資損益、利息收支、出售資產損益、及資產減損等，尤其長期股權投資佔總資產大者，其淨利率參考性顯然較低，參考合併報表淨利率有其必要性。

我們很清楚地發現，獲取淨利與營業利益最大的基礎在於毛利與毛利率的同步增長，當然最終的源頭還是營收能健康的步步高升。因此，在觀察損益表的營收與「三利」後（如季營收與季獲利），若能再仔細衡量報表中的「三率」，並藉之與上季、上年度同期及競爭同業比較（也可以按月份比），相信能夠發現質量俱佳的績優公司。

營收與獲利的七項成長指標

營收與淨利的高低經常是一家公司成長與衰退的分界線，也是企業安全與危機的轉捩點，企業唯有維持繼續成長能力，才能抵抗宏觀經濟的不景氣與微觀經濟的競爭壓力。通常營收沒有成長性，代表產業前景受限、市場受困、價格不具競爭力、或經營者欠缺企圖心。營收若要維持有序的成長就需要在『人』、『物』、『財』三方面的通力配合。一般而言，透視一家公司未來營收與獲利的消長遠較評估公司是否有潛在財務危機還困難，主要理由是營收獲利是「未來式」，不確定性甚高，目前主管機關僅規定當月 10 日以前必須公佈上月營收，至於每月盈虧、未來財務預測、每季法說會、或是最具敏感性的訂單概況，並無強制規定，使得預測營收獲利難度頗高；反觀企業財務預警則相對容易，因為資產負債表是「過去式」的存量關係，像健康檢查有跡可循。雖然如此，我們還是可以從以下七點背景因素觀察企業是否具有成長性：

- 過去累積了優良績效且財務狀況佳，如各類股的績優公司。
- 有強勢英明的領導人，經營團隊穩固且管理制度健全。
- 產品信譽良好且市場分佈海內外。
- 持續地購併同質性或互補性高的公司。
- 資本支出循環有續的增加，尤其在景氣低迷也沒停頓。
- 研究發展不斷投入且持續有新技術和新產品誕生。
- 銷售服務據點持續擴充增加。

值得我們注意的是，由於每一家公司都會出現營收與利潤的成長期與衰退期，當處在成長期的獲利豐碩階段，經營者應該固本培元妥善管理資金，繼續在本業投資以保持競爭力；而在宏觀經濟不佳或本業衰退的調整期，運用資金更應節制，不該隨意進行業外投資。不過從管理行為面看，此時在股價的誘因驅動下，有些誠信不佳的管理者可能出現對營收與利潤的偏差行為，常見的偏差行為有下列幾點，這些狀況一旦爆發，財務危機很可能接踵而至：

1. 過早認列營收或轉列至下期，或認列質量有問題的營收。
2. 列計虛構的利潤（等同於作假帳）。
3. 將本期費用列為下期或是前期的費用。
4. 利用密切的關聯交易虛增（減）營收與利潤，甚或有盜取舞弊行為。

至於如何避免誤觸這些公司，可以採行下列方案：

1. 投資自己熟悉的產業公司。
2. 投資各類股的龍頭股，它們是績優股的代表。
3. 不要隨便買低價股或經常低於每股淨值的公司。
4. 仔細觀察評估公司的財務狀況。

學習心得

1. 正常情況，營收成長是公司獲利的糧草，也是公司價值增長的源頭。
2. 有獲利的營收確實很好，不過能賺到相對獲利以上的營業現金流入會更值錢。
3. 營收容易被偏差行為操縱，注意營收質量不佳的上市櫃公司。
4. 企業由小而大營收一定要成長，由大而強營收獲利則重穩定。
5. 注意毛利率經常高，甚或高於銷貨成本率的公司，它們是潛在的投資目標。

案例分析（一）：大型績優股營業收入與市值的時空成長變化

產業潮流與時代趨勢會改變企業營收成長軌跡，同時也會改變投資人對它們的投資偏好，進而影響各家公司市值的長期變化。讓我們看看表 2-1，代表台灣產業不同年代大型績優公司的營收與市值的時空變化，它們都是台灣產業的希望與價值寄託，它們共同的特徵是都有堅毅果決的領導班子與永續不斷的獲利能力。這五家公司除了鴻海產業性質屬中下游外，其餘四家都屬上游資本密集產業，綜合這五家公司的結論如下：

1. 產業愈老營收成長愈慢。台泥辛苦了 62 年的時間，營收才達到 2008 年的 242 億元，台積電成立至 2008 年才 21 歲，營收已衝至 3,218 億元。若比較 1994-2008 年 14 年的營收成長情形，台泥只有 0.33 倍，台積電達到了 15.67 倍，鴻海更是驚人的 222.18 倍，由此可見產業世代交替的驚人變化。
2. 全球產業勝於區域產業。如鴻海與台積電的市場在全球各地無遠弗屆，所以其營收成長速度較其他三家更為快速，相對的市值也是亦步亦趨，這表示鴻海與台積電在這 14 年期間讓投資人得到更多報酬。
3. 未來穩定度較速度重要。從掛牌時間看，台泥、台塑、中鋼三家公司可說是老而彌堅，穩定度遠勝於速度；鴻海與台積電掛牌不到 20 載，卻是英雄出少年，未來成長速度一定會減緩，學習全方位穩定度遠較速度重要。

有人說「工業革命」把人從體能中解放，生產效率大躍進，這段期間經過了約 200 年，而「資訊革命」則把人從腦力中釋放，生產效率更是突飛猛進，這段期間至今已近 40 年，目前及未來流行的是「無線革命」(即網路世界) 將把人從空間解放，其流行期間無法想像，從這個趨勢看營收與市值的世代變化，亦是如此。

表 2-1　台泥、中鋼、台積電歷年營收與市值成長變化表

單位：新台幣億元

	台泥 1101	台塑 1301	中鋼 2002	鴻海 2317	台積電 2330
設立年度	1946	1954	1971	1974	1987
上市年度	1962	1964	1976	1991	1994
營收 1994	**182**	**340**	**666**	**66**	**193**
2002	246	657	999	2,450	1,610
2008	**242**	**1,820**	**2,564**	**14,730**	**3,218**
市值 1994	704	1,101	2,002	107	1,289
2002	281	1,899	1,682	3,065	11,881
2008	1,248	3,917	4,956	10,254	14,475
1994-2008 營收成長倍數	**0.33**	4.35	2.85	**222.18**	15.67
1994-2008 市值成長倍數	**0.77**	2.56	1.48	**94.83**	10. 23

資料來源：財訊總覽、公開資訊觀測站。
註：市值是以當年均價與年底股本得之。

案例分析（二）：上中下游公司營收與毛利率各有千秋

不管在哪個區域的資本市場，上游公司的績優股享有的毛利率總是較中下游公司高，這不是說中下游公司績效較差，而是**產業態勢使然**。當然產業位置包含了不同的經營元素致出現大小不等的附加價值，通常下游公司勞力密集度高，附加價值相對低

（即各項利潤率），上游公司資本與技術密集度高，其附加價值自然高。如果用腦力、財力、與勞力來區分產業鏈，顯然上游公司比較偏向腦力與財力這邊擺動，而中下游公司的擺動則偏向財力與勞力。因為上游公司投資金額大，若經營不善，其資本虧損將數倍於下游公司，如果上游公司是純腦力密集行業，如台灣的 IC 設計公司與遊戲軟體設計公司，那麼一旦經營有成，其營收獲利模式將最具吸引力。

如表 2-2 台灣電子業上中下游的強勢競爭公司，及傳統食品業的代表公司，可以發現二項特點，其一是電子類上游的營收在 06-08 年景氣高低峰，顯然較中下游公司低，中游又較下游低；其二是毛利率剛好相反，上中下游分別是高中低依序分佈，例如台積電與聯電的毛利率皆較中下游四家公司高，此外在食品業的味全與佳格也是如此，不過二家公司的行業性質是推銷費用特高，致營業利益率和下游公司一樣低水平（詳表 2-3）。因為產業態勢的差異，所以上游公司要精益求精賺取「技術財」，中下游公司則要兢兢業業賺取「管理財」，例如廣達高額營收但毛利率只有 4% 多，萬一管控不良如在匯率或應收款出差錯，毛利率即會唉唉叫。

另外，再比較四組競爭公司強弱，毫無疑問營收大且毛利率高（代表質量均佳）的公司勝出，如台積電優於聯電；其次，如果營收大但毛利低（如友達）或營收小毛利高（如奇美電），則比較兩家公司營收與毛利率各別的差幅（註 3），若營收差幅大於

註 3：若甲公司營收 (A) 較乙公司營收 (B) 大，但毛利率 (a) 卻較乙公司毛利率 (b) 低，則營收差幅 C=(A-B) /B；毛利率差幅 D=(b-a) /a。

毛利率差幅，如06-07兩年度友達營收差幅優於奇美電的毛利率差幅，那麼營收大的公司顯然對利潤提供了更多貢獻，這也說明友達的產能大且採取「價跌量增」或「價平量增」策略以增加營收，不過友達因折舊攤銷多於奇美電致銷貨成本增加，造成毛利率在這兩年不如奇美電。其他案例，如廣達優於仁寶也是如此。

一家下游強勢公司如廣達，要營收與毛利率皆冠於同業，顯然較上游公司如台積電還難，這是產業態勢使然，亦即下游公司不容易顛覆「衝量會折價」的市場慣性。

表2-2　各類股上中下游公司營收與毛利率一覽表　單位：新台幣億元

		營業收入			毛利率(%)		
		2008	2007	2006	2008	2007	2006
台積電2330	晶圓代工上游	3,218	3,136	3,139	42.9	43.8	47.7
聯電2303	晶圓代工上游	925	1,068	1,041	16.9	21.1	19.9
友達2409	面板中游	4,220	4,797	2,930	11.5	16.9	9.3
奇美電3009	面板中游	3,101	2,999	1,871	8.4	17.5	11.6
廣達2382	NB下游	7,631	7,324	4,615	4.31	3.67	4.62
仁寶2324	NB下游	4,050	4,275	3,031	5.04	4.82	4.75
味全1201	食品中上游	116	109	106	35.0	34.9	35.7
佳格1227	食品中上游	83	67	59	40.7	39.7	38.8

資料來源：證交所公開資訊觀測站。

案例分析（三）：上中下游公司的三率分析

承接案例分析（二），從表2-3我們進行上中下游公司的三率分析，首先看聯電的三率為何近三年皆不如台積電，追根究底即是聯電歷年營收欠缺經濟規模效益，僅約是台積電的三分之一，營收不振導致三利與三率循環性地走弱。雖然聯電一直透過轉投資財務操作以增加淨利與淨利率，即使用心良苦，在06年股市高峰，它的淨利率31.3%仍然無法超逾台積電專注本業的40.5%。當08年景氣與股市丕降，聯電業外大幅虧損致淨利率降到-24.1%，然而台積電仍還有31.1%水準，這說明了營收規模經濟及成長的重要性。

再比較友達與奇美電，廣達與仁寶，發現友達與廣達之所以較競爭對手賺取更多利潤及每股盈餘，皆係積極促銷提高營收週轉的效果，即使成本增加降低了毛利率或營益率亦在所不惜。這是中下游電子企業做大做強的紅海戰術，只要應收款與存貨系統管控良好，多賣其實就是多賺。從這說明兩強對恃時，固然毛利率較營益率及淨利率重要，但如何創造有價值的營收顯然更為重要，由此觀之，亦能了解為何友達與廣達的股票年均價一直都較對手高。

至於味全與佳格屬於傳統食品同質性公司，它們產品的共同特性有毛利率高、與推銷費用高，從表2-3近三年的三率比較，佳格皆比味全高，尤其07-08年佳格的營業費用控管顯然較味全好，致其營益率拉高，使得本期淨利與每股盈餘皆大於味全。雖然佳格基本面近年明顯壓過味全，但股價並沒有如前面案例公司般，能夠對照反應，在07年味全年均價大幅超逾佳格，顯然這與控制股東頂新集團加持兩岸題材有關。由於這兩家公司股本並不大，在新台幣30-50億元間，加上控制股東持股率高，所以在某一階段股價很可能波動大而脫離基本面，但拉長時間仍會回歸業績表現。

值得讀者注意的是，透過損益表三利與三率的分析要定奪兩家公司的強弱似嫌不足，應該還要審視整體三大報表的狀況，**如淨值報酬率、現金流量、收現與售貨天數、及償債能力等**。因前述 4 組競爭公司筆者已篩選分析，所以僅就損益表的表現來探究竟，並與股價表現做連結。整體而言，股本愈大股權愈是分散的健全公司，其營收、三利、與三率的優勢表現，將會激勵股價做正向表現。

表 2-3　上中下游公司各項損益率比較表　單位：新台幣億元，元，%

		2330 台積電	2303 聯電	2409 友達	3009 奇美電	2382 廣達	2324 仁寶	1201 味全	1227 佳格
本期淨利	2008	999	-223	213	-60	202	88	5.3	7.1
	2007	1092	170	564	362	184	126	4.5	3.8
	2006	1270	326	91	35	129	137	4.5	2.5
每股盈餘	2008	3.86	-1.70	2.50	-0.90	5.58	2.35	1.04	2.21
	2007	4.06	1.03	6.68	4.89	5.33	3.26	0.89	1.20
	2006	4.93	1.81	1.41	0.54	3.86	3.58	0.89	0.78
毛利率	2008	42.9	16.9	11.5	8.4	4.31	5.04	35.0	40.7
	2007	43.8	21.1	16.9	17.5	3.67	4.82	34.9	39.7
	2006	47.7	19.9	9.3	11.6	4.62	4.75	35.7	38.8
營業利益率	2008	33.0	2.49	6.37	2.00	2.04	2.77	6.35	17.4
	2007	35.8	6.37	12.7	12.1	1.70	3.35	5.47	12.6
	2006	40.2	5.88	4.49	4.33	1.85	3.04	6.63	9.45
本期淨利率	2008	31.1	-24.1	5.04	-1.94	2.64	2.88	4.54	8.48
	2007	34.8	15.9	11.8	12.1	2.51	3.12	4.12	5.66
	2006	40.5	31.3	3.10	1.89	2.79	3.20	4.25	4.18
年度平均價	2008	56.54	13.78	44.70	29.85	42.87	27.37	19.77	25.57
	2007	65.18	19.74	56.03	39.56	52.57	34.44	23.83	18.15
	2006	61.42	19.36	48.27	41.88	21.21	31.13	14.99	14.57

資料來源：證交所公開資訊觀測站、股市總覽。

案例分析（四）：電子業四大獲利公司季別的三利與三率分析

2009 年上半年財報在 8 月 31 日完成申報，讓我們看看電子業四大獲利公司的業績變化，及與股價關係。

如下表 2-4-1 至表 2-4-5，可以發現聯發科的三利與三率表現最優，不僅今年 2Q 較 1Q 好，今年上半年成績單也較去年優秀，難怪它的股價漲幅會超過一倍。反觀，宏達電雖然今年 2Q 的三利與三率較 1Q 好，但成長卻有限，加之上半年三利與三率的成績單不如去年同期，又觀察它七、八月的月營收大幅衰退，導致股價今年以來漲幅僅 1.2%，這是高價股受獲利不如預期的宿命。再看台積電雖然股價漲幅落後大盤，不過在去年跌勢中卻充分抗跌，它的 2Q 三利與三率已經大幅超逾 1Q，且較去年上半年不相上下，可見它的競爭能力。而鴻海表現仍有第一級大廠的架勢，其 2Q 三利與三率也拉回去年上半年水準。

這四家公司是台灣電子業的希望，各有專長也深具全球競爭力，可以多注意它們未來營收變化。

表 2-4-1　台積電（2330）三利與三率變化比較表

單位：新台幣億元，%

	2009 年 1Q		2009 年 2Q		2009/1-2Q		2008/1-2Q	
營收 (%)	395	**100%**	742	**100%**	1,137	**100%**	1,756	**100%**
毛利 (%)	74.8	**18.9%**	343	**46.3%**	418	**36.7%**	785	**44.7%**
營利益 (%)	12.1	**3.1%**	251	**33.8%**	263	**23.2%**	595	**33.9%**
淨利 (%)	15.6	**3.9%**	244	**32.9%**	260	**22.9%**	569	**32.4%**
EPS（元）	-	-	-	-	**1.01**	-	**2.17**	-

表 2-4-2 鴻海（2317）三利與三率變化比較表

單位：新台幣億元，%

	2009 年 1Q		2009 年 2Q		2009/1-2Q		2008/1-2Q	
營收 (%)	3785	**100%**	4336	**100%**	8,121	**100%**	8,110	**100%**
毛利 (%)	359	**9.5%**	400	**9.2%**	759	**9.3%**	706	**8.7%**
營利益 (%)	138	**3.7%**	189	**4.4%**	327	**4.0%**	320	**3.9%**
淨利 (%)	133	**3.5%**	151	**3.5%**	284	**3.5%**	280	**3.4%**
EPS (元)	-	-	-	-	**3.32**	-	**3.29**	-

表 2-4-3 聯發科（2454）三利與三率變化比較表

單位：新台幣億元，%

	2009 年 1Q		2009 年 2Q		2009/1-2Q		2008/1-2Q	
營收 (%)	239	**100%**	282	**100%**	521	**100%**	417	**100%**
毛利 (%)	134	**56.1%**	167	**59.2%**	301	**57.7%**	216	**51.8%**
營利益 (%)	66	**27.6%**	93	**33.0%**	159	**30.5%**	94	**22.6%**
淨利 (%)	70	**29.3%**	92	**32.6%**	162	**31.1%**	91	**21.9%**
EPS (元)	-	-	-	-	**15.15**	-	**8.57**	-

表 2-4-4 宏達電（2498）三利與三率變化比較表

單位：新台幣億元，%

	2009 年 1Q		2009 年 2Q		2009/1-2Q		2008/1-2Q	
營收 (%)	314	**100%**	381	**100%**	695	**100%**	676	**100%**
毛利 (%)	96	**30.6%**	121	**31.8%**	217	**31.1%**	238	**35.1%**
營利益 (%)	50	**16.0%**	69	**18.1%**	119	**17.1%**	141	**20.8%**
淨利 (%)	49	**15.5%**	65	**17.1%**	114	**16.4%**	136	**20.0%**
EPS (元)	-	-	-	-	**14.52**	-	**17.10**	-

資料來源：公開資訊觀測站。

表 2-4-5 電子業四大獲利公司股價漲幅比較表

單位：新台幣元

	台積電	鴻海	聯發科	宏達電
2008/12/31 收盤價	44.4	64.2	220.5	327.0
2009/08/31 收盤價	59.2	111.0	478.0	331.0
漲幅 (%)	33.3	72.9	**116.8**	**1.2**

註：不考慮各家今年權息。

第三章

每股盈餘是年年有餘還是年年有虞

瘦鵝理論和財報績效

瘦鵝理論是由台灣經營之神，前已故台塑集團董事長王永慶先生提出的經營管理雋語。王老先生認為瘦鵝之所以瘦，問題不在鵝，而在養鵝人的方法不當所致。企業經營的道理也是一樣，企業經營不善，問題不在員工，而在老闆管理方法不當。王永慶先生提出瘦鵝理論與他早年創業艱辛和自己堅忍意志有密切關係。

在第二次世界大戰期間，台灣由於糧食匱乏，鄉下村民有一餐沒一餐，甚至要挨餓討飯，當然就沒有足夠的飼料餵養鴨鵝。因此他觀察到很多鄉下村民都將鵝放在野外，讓牠們自己覓食，一般而言，鵝長到四、五個月後，就會有五、六公斤重。可是以野放方式餵養的鵝非常瘦小，五個月後只有兩斤重，於是王永慶先生就買了很多瘦鵝，然後跑到田裡，撿來許多被別人扔掉的老菜葉，用力切碎，每天定時定量的餵給鵝吃。瘦鵝的食量大增，兩個月後鵝的體重已經是原來的兩倍多，而且非常肥大。（註 1）

從瘦鵝養育過程，王永慶先生體會世間萬物有生命的動植物，其實都蘊藏著無比堅強的生命力，只要能熬過惡劣的環境終究有柳暗花明欣欣向榮的時候。在 1930-40 年代，台灣的生存和生計環境的確不佳，能夠在艱困的時代洞燭先機，了解生意之道且腳踏實地的務實經營企業，就已經說明了經營之神的智慧。瘦鵝理論就如王永慶先生早年創業賣米的米缸理論般，都在敘述一位經營者如何用心在他當下的事業，並能創造獲利年年有餘。

註 1：摘錄《王永慶的致富成功學》，有名堂出版社，蔡郎與著。

創造盈餘能量關鍵在人

台塑集團的先驅事業台灣塑膠（1301）係王永慶先生創立於1954年，至今已逾50年有餘，若從1932年他開始當老闆經營米店計算，台塑的企業生命實質上已有76歲，算是老年企業，不過我們若數一數台灣資本市場能夠享有50歲數之上的上市櫃公司，還真的是屈指可數。更令人驚訝的是，如此花甲之年的企業還能年年有盈餘，可謂老而彌堅。從企業生命週期與年限看，許多公司曾經飛黃騰達，但後來卻落寞衰敗；有些是忍辱負重默默耕耘後，再創新基；有些企業可以身強力壯愈活愈勇。凡此種種，無非與企業盈虧有決定性關係，能夠年年有餘基業常青的公司，一定是靠著長年賺多賠少的盈餘續航力加油打氣，反之則否。因此，我們可以發覺盈餘對公司永續生存的重要性。

如何產生淵源流長的盈餘能量，基本上最重要的因素還是在「人」的因素上，亦即領導人的特質是決定企業百年存活的總樞紐。就如同 Jim Collins 在《*Good to Great*》（中文譯為《從 A 到 A+》）書中所述，企業的管理者要具備第五級領導能力，它具備雙重特質：其一是宅心仁厚但意志堅定；其二是謙沖為懷但勇敢無畏。它有兩個層面，就是專業的堅持與謙虛的個性。管理當局若是具備這些領導特質，自會以創造股東最大價值為念，做該做的事並且是對的事，不致讓公司漂浮不定危機重重。

來自本業的盈餘含金量最濃

在財報的損益表最後的績效數字即是基本每股盈餘與稀釋

每股盈餘（註 2），一般我們看到的 EPS 是指基本每股盈餘。每股盈餘是每個會計年度結算並審計後，代表每一股份擁有的年度權益，它是分配股利的重要數據，也是衡量股東權益報酬率的基礎（每股盈餘 / 每股淨值），更是計算市盈比（即本益比）的根本，每股盈餘將年度獲利約化，的確讓使用者簡單快速的看到了公司競爭力。此外，每股盈餘、每股淨值、每股營收、每股股利等四項數據，經常被投資機構並列為財報四大每股指標，加上價格因素後即形成公司評價的四大有利工具，如 PE（價格 / 盈餘）、PB（價格 / 淨值）、PS（價格 / 營收）、與 PD（價格 / 股利）。

每股盈餘既然是公司評價的重要份子，是否意謂著只重每股盈餘高低而不必理會盈餘來源，其實不然，事實上**盈餘的品質高低肯定較每股盈餘高低來的可貴**，所謂盈餘的品質係指盈餘能量具有可預測性、透明性、與穩定性，同時由盈餘產生的現金流主要是來自營業現金流入，此種盈餘品質即是含金量最高最濃的成分。我們可舉個例子分析，如果兩家每股盈餘接近且產品同質性高的公司，若甲公司的盈餘集中在本業，乙公司則來自業外，正常情況下，請問哪家公司的股價會有優勢表現？答案顯然是盈餘集中本業的公司，因為它的盈餘品質誠如前述含金量高且能合理預測。如果盈餘集中在業外，不管是處分投資收益、處分資產利益、存貨回冲利益或是利息、匯兌收益，其收入的可預測性、穩定性、及資訊透明度總是不高，營業現金流的濃度也不足，盈餘的品質自不如本業紮實。

註 2：基本每股盈餘主要是指普通股的年度增減變化；稀釋每股盈餘則基本每股盈餘外，另加入可能轉換成普通股的潛在股份，如可轉換公司債、轉換特別股、認股權等。

一般而言，外部投資人進行股票評價一定是衝著本業盈餘而來，鮮少考量業外收益，亦即衡量本益比高低時，業外收益會排除或打折。因此，當我們看到公司有大額業外收入致每股盈餘高，不要認為本益比低就值得投資。基本上，**股票的價值來自本業盈餘**，主要是經營團隊長期在本業努力打拼，累積了歷史績效、品牌價值與市場商譽，並不斷地擴充實力，產生經常性的穩定盈餘與營業現金流入，讓投資者對公司充滿信任感，同時也對公司長期價值信心滿滿。

會計四大科目左右每股盈餘高低

從上市（櫃）逾千家公司中，我們可以看到許多高價股（泛指百元以上）與低價股（泛指 10 元以下），如果按股本大小與股價高低相對地分類，並以中長期眼光觀之，市場的股票不外乎有「大型高價股」、「大型低價股」、「小型高價股」與「小型低價股」等四大類型。當新股掛牌進入市場後，自然地會向其中一類靠攏，時間久了，甚至四大類型都有可能繞一圈，所謂「凡走過必留下痕跡」，過去小而美股價高高掛的公司，經過歲月風霜市場洗禮後，有些已經變得大而壯的高市值股，有些卻淪落為大而衰或小而醜的低市值股，它們是如何慢慢凋零？或是如何脫胎換骨？抑或是如何老當益壯？基本上，這些狀況都與每股盈餘有關。

每股盈餘是否年年有餘或著年年有虞，從財報中的「四大科目」互動過程，可以得到充分的說明。此四大科目分別是以「**實收股本**」為首，另包括「**長短期借款**」、「**營業收入**」與「**本期淨**

利」，前二項在資產負債表，後二項在損益表。從實收股本看，必須注意股本膨脹後的每股盈餘消長，除非本期淨利的成長幅度超逾股本擴張幅度，否則不應大肆膨脹股本，如果一意孤行有可能未來會變成大型低價股，一旦大型低價股成形，除了表示市值每況愈下外，亦代表公司經營團隊分崩離析及決策錯誤（人物）、或產業競爭能力衰退（產品），抑或每股盈餘下降負債日益沈重（財務）。另一重要科目「長短期借款」則攸關舉債經營是否有槓桿效益及償債能力的強弱，如果沒有本事舉債經營就該量力而為。

另外，每股盈餘若要不受稀釋，除了控制股本外，就必須衡量營收成長性與利潤內涵，營收成長的動力主要來自產品的市場利基、市場廣度、技術能力與公司每年資本支出的能量。若忽視產品生命週期的盈餘變化，在公司高速獲利階段大額膨脹股本，亦即只重視短期大股東的資本利得，而輕視公司長期的每股盈餘能力，那麼未來很可能就變形為大型低價股。

這四大科目互為因果交互影響，並與股價產生長短期的激盪，公司管理者對這四大科目應保持動態平衡兼顧得當，尤其是股本與每股盈餘的關係，那麼就不致掉入大型低價股的虛胖陷阱，或是淪落為小型低價股的乾瘦無助。

學習心得

1. 每股盈餘能夠年年有餘一定和領導者及經營團隊的誠信與能力息息相關。

2. 每股盈餘高低與股本、借款、營收、淨利四大會計科目平衡與否有密切關係。
3. 每股盈餘由負轉正或是由正轉負對股價的波動最為激烈敏感。

案例分析：台積電與聯電 15 年來的盈餘較勁分析

有人說研究台灣股市先要從台積電與聯電兩家公司入門，筆者補充認為，若要探討財報績效與公司價值關係，這兩家公司更是首選，主要原因如下：

1. 實收資本額各為台灣股市前一、二名，為流動性、獲利性、與安全性兼具的大型績優指標股。
2. 核心產品一樣，同屬高新科技晶圓代工領域的競爭對手。
3. 資本市場的財務策略實戰經驗豐富且都令人耳目一新，如增減資、GDR 國外掛牌、庫藏股、認股權、員工分紅配股、與併購等活動。
4. 受到外資投資機構長期的關注，如表 3-1 外資持股台積電、聯電的比例分別高達 74.09% 和 43.55%，台積電更是外資持股率最高的公司。
5. 兩家公司的董監持股低，如表 3-2 的低持股率與高股東人數，表示這兩家公司已是股權充分分散公司，為公司治理代表性企業。

有競爭才有進步，優勝劣敗固然殘酷，但起碼能抗衰退，這是市場競爭定律的寫照，我們觀諸台積電與聯電 15 年來在股市的競爭態勢即是如此。雖然這兩家公司的領導人常被媒體報導有

表 3-1　台積電（TSMC）和聯電（UMC）基本資料比較表

項目＼公司	台積電 TSMC	聯電 UMC
成立時間	1987 年 2 月 21 日	1980 年 5 月 22 日
上市時間	1994 年 9 月 5 日	1985 年 7 月 16 日
實收股本（2008 年 12 月）	新台幣 2,562 億元	新台幣 1,298 億元
董事長	張忠謀	洪嘉聰
全球員工人數（平均年齡）	20,202（31 歲）	13,312（30.7 歲）
主要產品	晶圓片	晶圓片
產品市場佔有率（2008 年）	50 %	19 %
股東人數（2008 年）	439,090 人	754,861 人
員工紅利比率	不低於 1 %	不低於 5 %
外資持股比率（2009 年 8/31）	74.09 %	43.55 %
董監持股比率（2009 年 6/30）	7.13 %	5.98 %

資料來源：公司年報、公開資訊觀測站。

瑜亮情結，我們暫且不論是非恩怨，的確這兩家公司多年來已經為台灣股市製造了豐富題材，及創造了高低不等的投資損益，尤其聯電曹董開創的員工分紅配股制度，更是造福廣大科技員工（2008 年起開始費用化）。職是之故，選擇這兩家世界級公司做為案例探討，確實具有市場指標意義。

從台積電 1994 年上市掛牌，截止 2008 年，經過了 15 年長期的市場較勁，顯然的台積電已經勝出，從下表 3-2、3-3 的財務績效與市值起落，我們歸納如下的結論：

1. 台積電的盈餘主要來自本業，盈餘含金量高且可預測性高；反之，聯電則大半來自處分業外轉投資（表 3-4），所以 08

表 3-2　台積電公司上市以來營運績效比較表　單位：新台幣億，元

年度	主營業務收入（億）	稅後純益（億）	營運現金流入（億）	每股盈餘（元）	股利（元 / 股）		期末股本（億）	每股淨值（元）	總市值（億）	年均價（元）
					現金	股票				
1994	193	84	114	10.86	–	0.800	78	24.14	1,289	165.2
1995	287	150	176	10.48	–	0.800	143	23.34	1,767	122.8
1996	394	194	242	7.31	–	0.500	265	19.63	1,691	63.7
1997	439	179	203	4.40	–	0.450	408	17.01	4,902	120.1
1998	502	153	339	2.54	–	0.230	604	13.90	6,585	108.9
1999	731	245	449	3.20	–	0.279	767	15.74	9,098	118.6
2000	1,662	651	880	5.57	–	0.400	1,168	22.39	16,725	143.2
2001	1,258	144	716	0.86	–	0.100	1,683	16.47	12,858	76.4
2002	1,609	216	942	1.16	–	0.080	1,862	15.89	11,881	63.8
2003	2,019	472	1,086	2.33	0.60	0.141	2,026	16.28	11,244	55.5
2004	2,559	923	1,436	3.97	2.00	0.050	2,325	17.19	12,137	52.2
2005	2,645	935	1,504	3.79	2.50	0.015	2,473	18.04	13,700	55.4
2006	3,138	1270	1,960	4.92	3.0	0.005	2,582	19.67	15,853	61.4
2007	3,136	1092	1,741	4.14	3.0	0.005	2,642	18.43	17,226	65.2
2008	3,217	999	2,119	3.86	3.0	0.005	2,562	18.50	14,475	56.5

資料來源：台灣證券交易所公開資訊觀測站、經濟新報財經資料庫、股市總覽。

註 1：從上市 1994 年至 2007 年累積淨利潤為新台幣 7,708 億元，同期間營運淨現金流入則高達新台幣 13,907 億元。

註 2：總市值計算以年均價 × 當年底股本。

年股市不佳時，即發生嚴重虧損。

2. 近 8 年的資本支出台積電高出聯電一倍多（表 3-5），這是支持營收與盈餘持續成長的關鍵。
3. 台積電的營業現金流入相當豐富且高逾帳上盈餘甚多，聯電則相形見絀。

表 3-3　聯電公司上市以來營運績效比較表　　單位：新台幣億，元

年度	主營業務收入（億）	稅後純益（億）	營運現金流入（億）	每股盈餘（元）	股利（元/股）		期末股本（億）	每股淨值（元）	總市值（億）	年均價（元）
					現金	股票				
1994	152	64	61	7.55	0.5	0.5	85	22.26	1,002	116.5
1995	242	134	126	10.00		0.93	134	23.71	1,406	104.6
1996	226	76	99	2.61		0.30	292	15.89	1,361	46.5
1997	250	97	101	2.36		0.29	413	16.15	3,494	84.5
1998	184	44	76	0.80		0.16	553	13.82	3,157	57.0
1999	291	104	102	1.58		0.20	665	17.93	4,525	68.0
2000	1,050	507	669	4.43		0.15	1,147	20.75	9,854	85.9
2001	644	-31	397	-0.24		0.15	1,333	17.51	5,934	44.5
2002	674	70	280	0.46		0.04	1,547	14.05	5,788	37.4
2003	848	140	455	0.87		0.08	1,614	14.39	4,100	25.4
2004	890	305	690	1.78	0.1	0.10	1,779	15.01	4,732	26.6
2005	907	70	458	0.38	0.4	0.01	1,979	13.05	3,997	20.2
2006	1,040	326	460	1.81	0.7	-	1,913	15.22	3,711	19.4
2007	1,067	170	468	1.09	0.75	0.045	1,321	18.90	2,602	19.7
2008	925	-223	448	-1.70	-	-	1,298	14.21	1,791	13.8

資料來源：台灣證券交易所公開資訊觀測站、經濟新報財經資料庫、股市總覽。

表 3-4　台積電和聯電主營業務和業外獲利分析表　單位：新台幣億元

年＼公司	台積電		聯電	
	營業利潤	處分投資收益	營業利潤	處分投資收益
2005	930	0	(26)	100
2006	1,262	0	61	275
2007	1,122	2.7	68	97
2008	1,063	4.5	23	18

資料來源：公司年報、公開資訊觀測站。

表 3-5　聯電和台積電近八年資本支出和長期投資增加比較表

單位：新台幣億元

年度＼公司	台積電		聯電	
	資本支出	長期投資	資本支出	長期投資
2001	680	45	376	73
2002	544	101	278	35
2003	372	30	125	179
2004	761	302	485	114
2005	736	33	185	62
2006	772	55	312	74
2007	813	73	281	9
2008	567	5	114	22
合計	**5,245**	**644**	**2,156**	**568**

資料來源：公開資訊觀測站各公司財報。

4. 台積電與聯電總市值最接近的年度即是掛牌後的三個年度，之後兩家市值就分道揚鑣逐漸拉遠，到 2008 年市值相差達到 8 倍，可見長期盈餘品質和專注本業經營的差異。2007 年台積電的市值超逾了 2000 年的高峰，然而聯電市值從其 2000 年後每況愈下的年均價即能略窺大型低價股的面貌，即使 2007 年大額減資 573 億元，也無力拉拔股價回升。由此觀之，企業轉注本業產生的盈餘對市值有何等的影響力。

在財報績效比較下，這兩家公司最為相似之處有兩點，其一幾乎是零負債經營，其二是股本皆曾經大幅膨脹。股本大增主要與獲利高及員工紅利配股有密切關係，尤其是紅利配股更是股本擴增的主要誘因。兩家公司都曾受到股本膨脹太快而影響每股盈餘的穩定度，比較之下，台積電因有大額營收、盈餘、及現金流入，影響較輕，聯電則受創較大，必須透過各年度庫藏股實施及大額減資來因應。未來兩家公司在財務績效上要傷腦筋的事，台積電應該是如何讓股本精減有度，聯電則是如何提高本業盈餘。十年河東，十年河西，說不定多年以後兩家公司峰迴路轉變成親家了。

圖 3-1　台積電與聯電營業收入比較圖

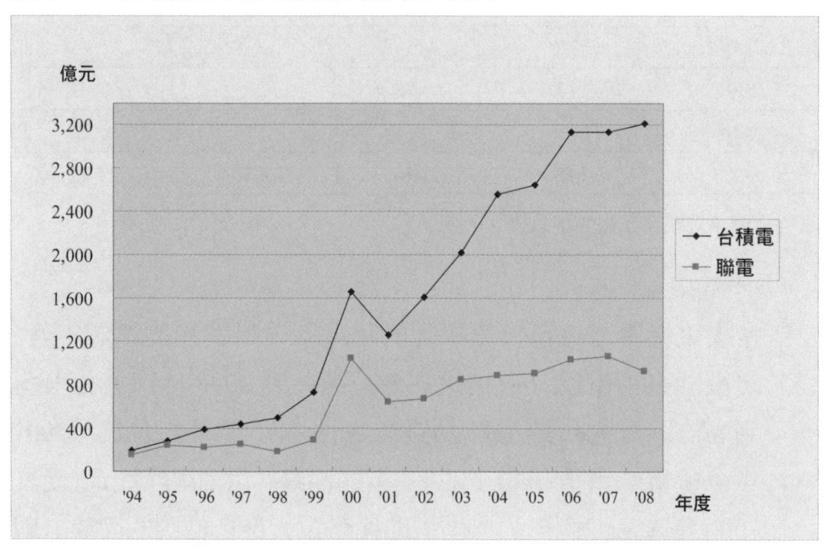

圖 3-2　台積電與聯電稅後純益比較圖

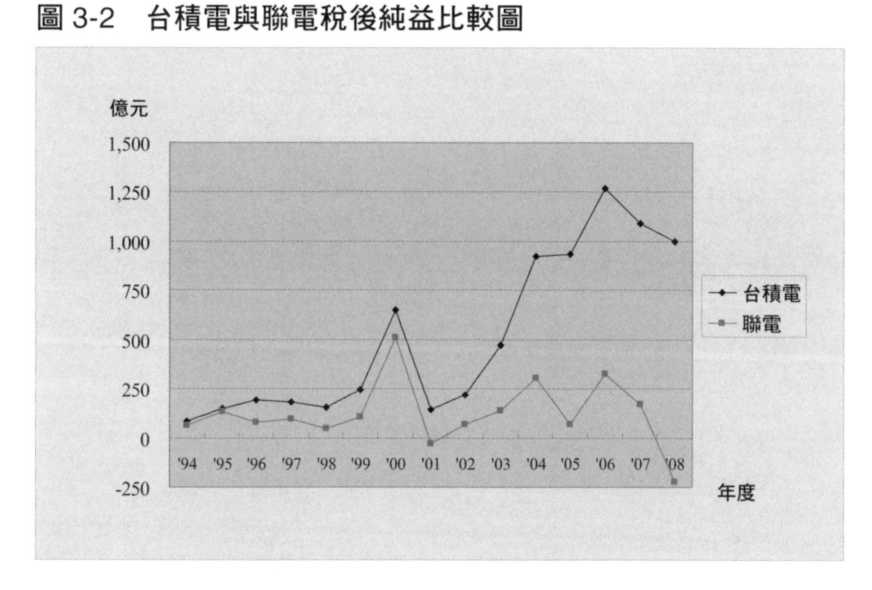

圖 3-3　台積電與聯電營業現金流入比較圖

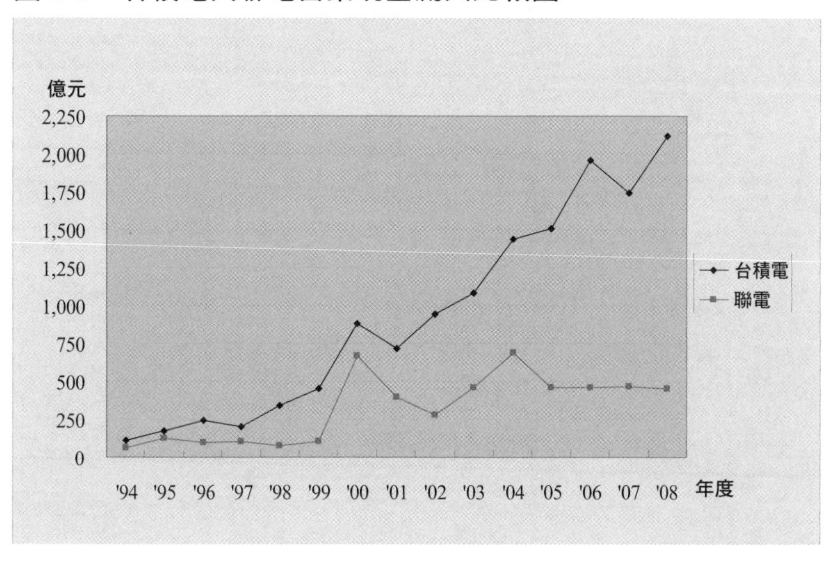

圖 3-4　台積電與聯電每股盈餘比較圖

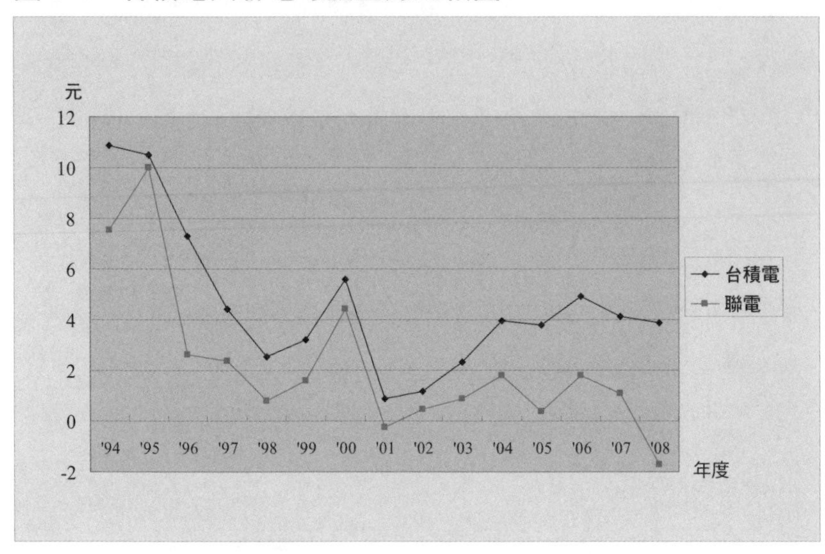

圖 3-5　台積電與聯電期末股本比較圖

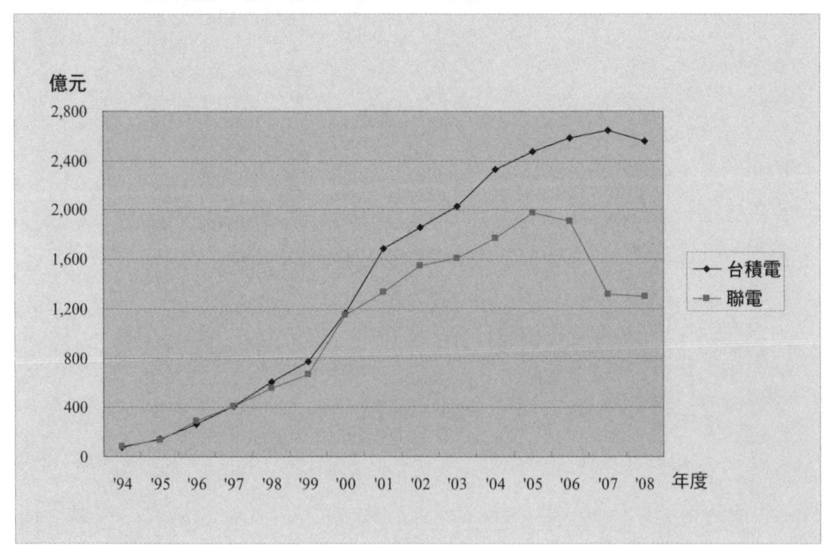

圖 3-6 台積電與聯電總市值比較圖

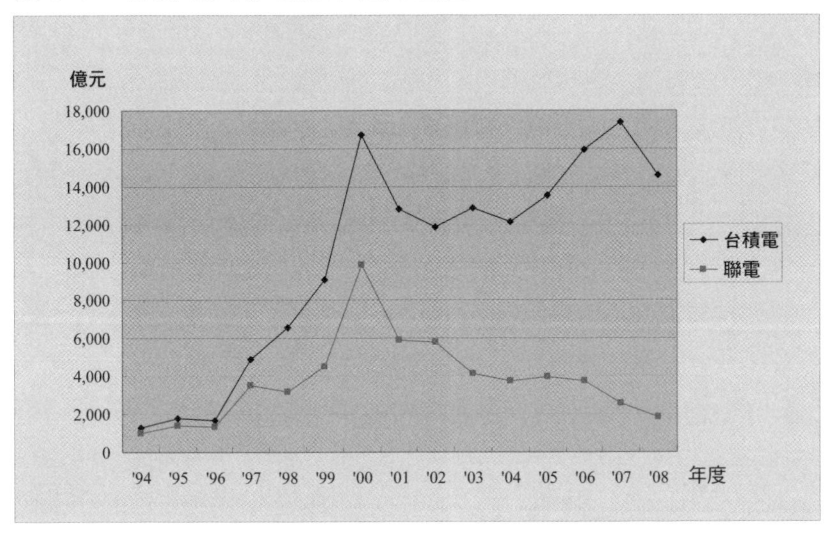

第四章

要股利！
也要學當企業主領股利

被台塑股票套牢睡的著

2008 年下半年因美國金融危機，台灣股市與全球同步重挫，而且好股壞股都不例外跌幅驚人。有一次遇到同鄉聊到股票，他說持股嚴重套牢，每天看到股價下跌就難過且常失眠，很想認賠出脫不再心疼。筆者問到是否融資做很大以及持有哪些股票，朋友說都是自有資金且主要持股為台塑集團股票，筆者給老鄉打氣，安啦還好您套牢的是台塑股票，暫時就將持股當做不動產出租收房租吧，不久的未來有機會連本帶利解套還給您。老鄉半信半疑說，真的 85 元高價套牢的台塑股票能夠解套嗎？筆者演算了歷年台塑股利還原值給他看，並補充說台塑 08 年現金股利 1.8 元，這部分您的收益率有 2.12%（1.8/85），另股票股利每千股配 70 股，它很可能為您複利增值加速解套。如果將股票股利簡單視為現金股利，您的年收益率（即殖利率）已上升至 2.94%，較定存年息高三倍了，說完，他才點點頭且安心的說到：這樣我就睡得著了。

股票股利重成長，現金股利重穩健

股利是公司管理當局對中長期投資者的支持回饋，它包括股息與紅利，當公司經營獲利時，其發放的股利即含有資本金提供的利息與投資報酬的紅利。股利發放的方式不外是現金股利與股票股利，現金股利讓公司資金流出，減少營運資金，但維持股本不變，每股盈餘在相同盈餘下不致被稀釋；而股票股利則是以股票替代現金，將未分配盈餘或資本公積轉增資，它只是股東權益下各科目餘額的調整，股本增加後投資者以更多的股份維持原有的持股率，在相同盈餘下每股盈餘會受到稀釋。對於產業已是成熟的大型多金公司，或本業成長已屬有限的中小型公司，為免每股盈餘稀釋過度影響股價，會控制股票股利而增加現金股利；相對的，若是產業發展與規模仍具成長空間，公司營收獲利也蒸蒸日上，以股票為股利保留資金充做營運之需，確有其必要，只要獲利成長率與股本增加率相當，其股票可能的資本利得報酬率，則是現金股利無法比擬的。因此，我們可以這麼說，現金股利代表成熟穩健，好像是中長跑代表者；股票股利則是積極成長，好像是短跑健將，兩者分別各有所長，端視經營者如何拿捏。

其實，不管是現金股利或股票股利，對經營者來說都是未來的負擔，不是營運資金減少，就是股本籌碼增加。上市櫃公司到底是重資金還是重股票，我們若觀察上市櫃公司現金與股票股利的比重分配，應該可以了解公司的股利政策，並進而掌握公司的成長速度與限度。如果管理當局脫離常規，不自量力以股票股利為重，但業績成長有限，如此就值得警惕。近年來證期局努力推動平衡股利政策，並要求上市櫃公司應把股利政策列進公司章程，即是提醒經營者應確實了解股利的實質內涵，不要受小股東的無理要求，或是大股東一己之私，把股本吹的大大的，增加未來的經營壓力，若能合理分配現金股利，不僅可安定長期股東之股權，亦能控制股本增長保持每股盈餘的活動能量。

參與除權息學大股東領股利

董監大股東能夠盈很大，在於他們將股票當產權，認真經營且長期持有不隨意出脫，他們的持股報酬主要有：年度薪酬、董監酬勞與員工分紅、股息分配、及出售持股價差。正常情況，屬於股息分配中的現金股利是董監大股東的年度投資回報，而股票股利則屬中長期的投資報酬。只要現金股利的收益率經常性高於固定收益型商品，大股東就不會輕易減持手中持股（為繳稅出售不算實質減持），當然，股價若非理性的漲過頭（overshooting）又另當別論。

正常情況，能夠發放股息的公司表示企業有賺錢；如果經常採取平衡股利政策，或以現金股利為重，除了代表企業有獲利外，更是表彰該企業財務健康、企業的營業現金流良好、以及股權策略穩健。簡而言之，從現金流量觀點，現金股利更能凸顯企業的財務安全程度，例如兩家同質性掛牌多年的中大型公司，A 家經常以現金股利為主，另 B 家則是以股票股利為重，我們即可推論 A 公司的財務安全度應該較高。

至於是否參與除權除息？筆者的看法是，端視當年「股市多空趨勢」及「公司業績展望」，例如 2009 年股市明顯較去年好，填權息能力自然大幅增加。雖然這兩大因素無法期前掌握，惟透過筆者整理如下 9 點評估條件，應該足以克服臆測障礙，這些評估條件兼顧企業的獲利性、安全性、及股票的流動性，條件愈多符合者，愈有利中長期持有，且能同時分享股利與價差。筆者認為參與除權除息是外部人開始學當企業主的重要門檻，只要循著以下原則，並以自有資金先佈局具 3% 以上現金殖利率（現金股利 / 股價）股票，假以時日，就能體會領股利真能享受被鼓勵的成果。

1. 財務安全性：現金部位高、長短期融資相對低、自有資本比率高。

2. 企業歷年都有穩當獲利和配息。
3. 今年首季 EPS 較去年同期高者（屬高標準）。
4. 今年以來月營收環比已有上升趨勢。
5. 企業在該產業的競爭地位名列前茅。
6. 該公司的產業特性與股價波動較為平穩。
7. 股票在市場的週轉率不致太冷門（泛指長期平均成交量低於 500 張）。
8. 該公司及產業您頗為熟悉。
9. 該公司的抵扣稅率頗高（註 1）。

學習心得

1. 正常情況，股利以股票為主表示企業未來成長仍大，以現金股利為重則表示未來平穩發展。
2. 參與除權除息的中長期投資三原則是：挑股買（未來獲利仍深具潛力）、挑時買（盤整下跌時進場）、不要賣（暫時忘了它的存在）。
3. 除息或除權前，若股價已大幅表現，尤其是大額高權值的股票，則不一定要參與配股配息。
4. 股利是企業對中長期投資人的期後犒賞，它不是股價的領先指標，而是外部人學當經營者的同時指標。

註 1：公司的抵扣稅率愈高對低所得稅率者就愈有利，如投資人的所得稅率 13%，今中華電 (2412) 的抵扣稅率是 30.81%，每股現金股息 3.83 元，買 1000 股中華電可退稅 682 元，計算式為：3830×30.81%=1180 元，3830×13%=498 元，1180-498=682 元。

案例分析（一）：台塑（1301）、南亞（1303）、台化（1326）填權填息高手

要說台灣股市中，哪些股票最有能力談平衡股利政策，也是平衡股利的創始者，則非台塑三寶莫屬。這三支股票是台股績優股中的模範生，可以讓長線投資者高枕無憂以逸代勞，而且長年配發穩定股息，並能經常性完成填權息任務，即使當年買在歷史最高點（三家公司股價最高點都出現在 1988 年，分別為 168 元、133.5 元與 107.5 元），經過數十年後也已經回本賺錢了，可以說經營者完全沒有虧待無辜的投資人，但前題是你要有耐心與信心，否則對它們三家股價安步當車穩定波動的漫步，也會失去興趣。

從表 4-1 近七年的股息與每股盈餘看，股息真的很平衡，現金與股票也很平均，而且能截多補少，例如 06-07 年多賺少配且都是現金，而 09 年則少賺多配，充份展現長短期均衡原則。所以有人說，台塑三寶的股票最好的買點是在大環境最差空頭市場時，不僅短線股息多，長線資本利得也豐富。如開頭所述，筆者老鄉在 08 年 85 元套牢，只要台塑維持近六年股利平均數，即配息 3.7 元，配股 0.4 元（1000 股配 40 股），那麼抱著它不動 4 年後在 60 元即能完全解套，在這 4 年期間（2008-2012 年）只要股價高逾 60 元愈多，就愈快解套並獲利，我們從過往台塑集團經驗法則分析，的確機率很大。

股票要經常性完成填權填息，公司的產業競爭力，與領導者的經營能力及誠信理念，絕對是必要充分條件。台塑三寶的長期不虧損（掛牌至今）與填息填權能力就是最佳典範，值得其他公司效法，也值得投資人信賴。

表 4-1　台塑三寶六年來現金股利與股票股利一覽表

單位：元

公司	年度	2002	2003	2004	2005	2006	2007	2008
台塑	現金	1.2	1.8	3.6	4.1	4.4	6.7	1.8
	股票	0.6	0.6	0.9	0.3	-	-	0.7
	EPS	**2.18**	**3.45**	**7.13**	**5.98**	**5.40**	**8.36**	**3.45**
南亞	現金	1.2	1.8	3.6	3.7	5.0	6.7	0.8
	股票	0.6	0.6	0.6	0.3	-	-	0.3
	EPS	**2.22**	**2.61**	**6.23**	**5.40**	**6.23**	**7.75**	**1.23**
台化	現金	1.6	2.4	4.5	5.2	4.8	7.0	0.9
	股票	0.8	0.8	1.0	0.3	-	-	0.3
	EPS	**2.62**	**3.92**	**8.46**	**7.43**	**5.88**	**8.63**	**1.10**

資料來源：財訊總覽。

圖 4-1　台塑 1997-2008 年每股盈餘與股利分配圖

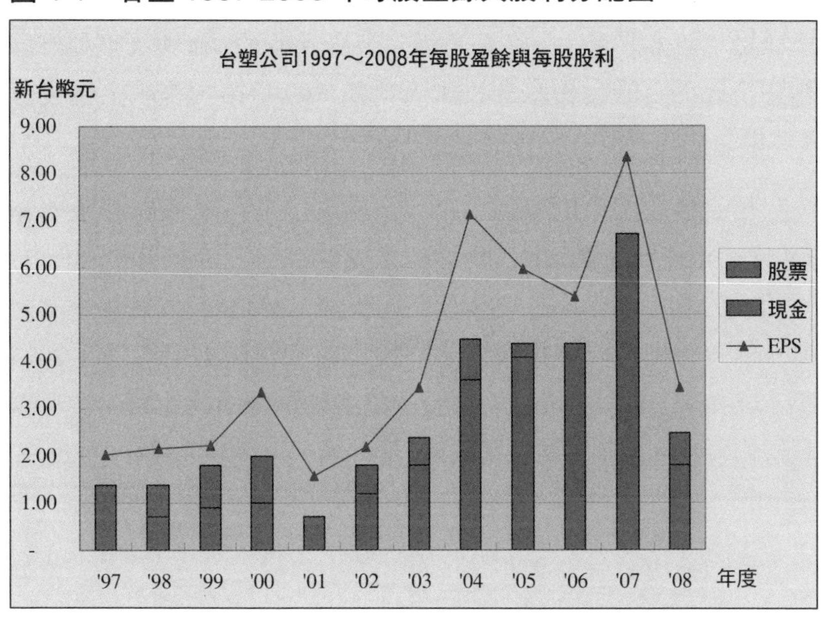

案例分析（二）：聯發科（2454）股利政策得宜，股價高高稱王

聯發科成立於民國 1997 年 5 月，2001 年 7 月在股市不佳時上市掛牌。聯發科的主要產品是多媒體晶片設計與銷售，如 DVD Player、PC、光碟機、手機等晶片都是主要獲利產品。聯發科上市以來夾著高獲利，股價始終是高高在上，台股中的 IC 設計公司至今還沒有其他家獲利與總市值可超逾它，甚至掛牌以來累積至 2008 年的獲利都超過大股東聯電（2303）同期間獲利，可見智慧型的知識產業不亞於大型製造業。

從聯發科的股利政策可以看到平衡股利的成功模式，管理當局不會被超高盈餘引誘而大幅無償配股，增加以後經營負擔，也讓股票數量有效控制，股價能夠一直高貴有價，聯發科的股利政策滿足了各方要求。另從其歷年的市值成長，的確與高獲利息息相關，此外它的財務狀況也讓人稱羨，09 年第一季帳上現金有 472 億元佔總資產 43%，自有資本率 82%，零負債經營。

聯發科從上市掛牌到 2008 年，為期 7 年，其股本膨脹率為 3.4 倍。相較於同屬高獲利的台積電從 1994 年上市掛牌股本僅 78 億元，經過 7 年股本在 2001 年時已來到 1,683 億元，膨脹率高達 21.6 倍。台積電掛牌後連年的高股票股利讓股本龐大（從 2003 年才開始發放現金股利），每股盈餘遭稀釋，由此比較，發現聯發科的股利政策確實高瞻遠矚。

表 4-2 聯發科近年盈餘與股息一覽表

單位：新台幣億元，元

年度 / 項目	稅後純益	每股盈餘	現金股利	股票股利	股本	總市值
2001	67.03	21.21	4.0	4	31.60	1,168
2002	122.33	26.79	8.0	3.5	46.05	1,984
2003	165.22	25.96	8.54	1.8	64.15	2,150
2004	143.23	18.73	10.0	1.0	76.93	2,187
2005	182.74	21.31	11.0	1.0	86.41	2,513
2006	225.80	23.50	15.0	0.5	96.83	3,297
2007	335.93	32.59	19.0	0.1	104.09	5,088
2008	191.90	18.01	14.0	0.02	107.31	3,541

資料來源：公開資訊觀測站，財訊總覽。

註 1：現金與股票股利單位為元，如 08 年股利為每股配息 14 元，每股無償配股 0.02 股（即每張股票配 20 股）。

註 2：總市值按年均價乘上當年底股本；另 09 年 8 月 31 日收盤價 478 元，總市值 5,211 億。

圖 4-2 聯發科 2001-2008 年每股盈餘與股利分配圖

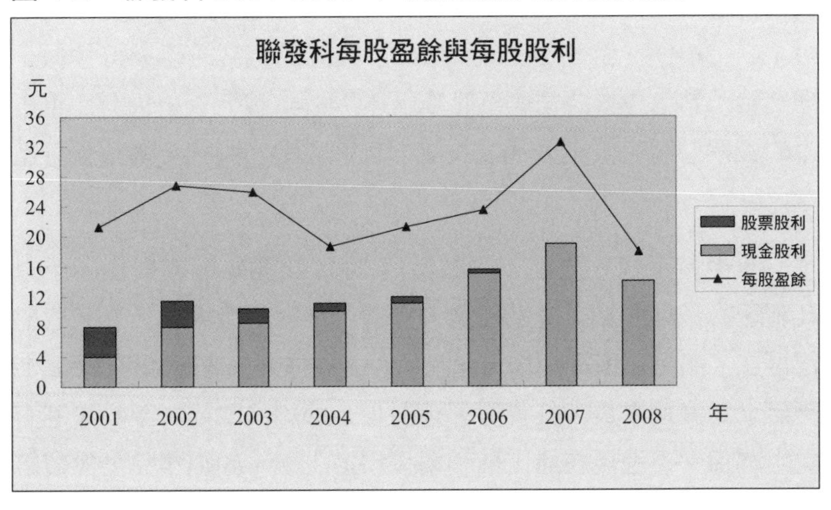

案例分析（三）：鴻海（2317）的全方位股利政策皆大歡喜

鴻海公司2009年股東會於4月16日召開，鴻海是09年大型公司首家在四月就舉行股東會的績優公司，相較這幾年都在六月開會，今年能夠提早到四月，可見郭董在不景氣下愈發凸顯戰鬥意志。比較眾多上市櫃公司，像鴻海這種國際級近兩兆元年營收的大公司，能夠快速結帳與審計，並在四月即完成股東會，確實值得尊敬，這也是國內其他公司值得師法之處。讓資訊充分透明、即時、與完整揭露，的確是公司價值的一部分，即使鴻海去年業績衰退，亦不避諱也不拖延。

鴻海的股利，原董事會決議是現金0.8元，股票1.5元（1000股配150股），經過股東提議增加現金後，鴻海管理當局也從善如流提高現金為1.1元，股票不變。從表4-3看，發現鴻海的股利政策有兩點特色，其一是穩健為重，此由股利比例可見端倪，該公司每年的盈餘都保留大半，其近三年股利比例分別為43.1%、36.4%、34.9%，充分為電子業波動無常的產業特性做長期抗戰；其二是該公司雖然股本已達741.46億元，但仍有比重不小的股票股利，表示公司成長能力仍然有勁，股利平衡政策可謂拿捏得宜。

而從員工紅利方面，明顯發現2008年開始已當費用，所以紅利配股減幅明顯（紅利股數按提撥紅利除上股東會前一天收盤價得之，鴻海員工紅利按可分配盈餘8%提列，成數頗高）。鴻海歷年來的高速成長，其實與郭董對員工敢給又敢要的激勵策略有重大關係。不過現在員工紅利要按市價上稅，如往年完全無償犒賞已有天差地別，尤其去年高價取得股票卻在下半年崩落大半，其激勵效果已打了折。雖然如此，能在鴻海熬的住的員工，長期來看報酬仍是相當豐富，鴻海確實為員工實現了有夢最美打拼有福的志願。

有前輩說買股票就是買經營者的領導能力，鴻海應該是名符其實。不過在經過多年來高速成長以及金融海嘯不景氣拖累，鴻海也將面臨營收獲利放緩的窘境，其股價增長力道也會減速。萬一被這種公司在高價位套牢其實也不必太擔心，因為郭董股票多的是，他一定要為自己爭福利，也是爭面子。

表 4-3　鴻海 (2317) 近三年財務績效與股利一覽表

新台幣億元，億股

年度/項目	合併營收	淨利	EPS（元）	現金股利（元）	股票股利（元）	股利比例 (%) 註	員工分紅 現金/股票（股）
2006	13,203	598	11.59	3	2	43.1	13.5 / 0.89
2007	17,026	776	12.35	3	1.5	36.4	37.9 / 1.80
2008	19,504	551	7.44	1.1	1.5	34.9	0 / 0.52

資料來源：公開資訊觀測站。
註：股利比例係當年股東的現金與股票股利除上當年 EPS 的比例值。

案例分析（四）：為何台積電（2330）填權息能力較電信三雄強？

如表 4-4，台積電 2008 年的每股盈餘（EPS）並沒有中華電（2412）與台灣大（3045）高，股利也與電信三雄一樣豐富，但是截止 2009 年 8 月 31 日它已完成填權息，其他三家公司卻仍處貼權息狀態，原因分析如下。

首先，從財報特質看，三家電信公司都已具備定存概念股的模型了，通常定存概念股的財報特質有以下特色：

1. 帳上現金存量豐富。
2. 每年有穩定充裕營業現金流入。
3. 財務透明，每年獲利容易估算。
4. 融資借款低，自有資本率高。
5. 營業收入成長性平穩但毛利率高。
6. 應收款項與存貨餘額低或管控良好。
7. 現金殖利率高逾年定存息數倍。

因為有上述特色，尤其在應收款項與存貨的超低特徵，所以它們每年都有能力填息，這是凸顯財報安全性的期後回饋。

其次，這兩類型公司產生的填權息能量差異應該是上述第 5 點造成的影響。從營收性質可以看出它們的產業分野，台積電是全球晶圓代工製造的第一名，市場在全球，其成長性一定較電信三雄屬區域型業務還大，而成長性的預期是股價的原動力，致台積電股價會較活潑有勁。另外，台積電雖然受全球景氣波動衝擊大，不過它是第一名的績優生，優良的財報體質與公司治理能夠讓股價產生抗跌能力，這部分與電信三雄每年有穩定客源不易受景氣波動有異曲同工之處，亦即台積電是屬波動中的穩定，而電信三雄是穩定中的波動。如果電信業能夠跨出台灣，且保持成長力道，即會出現目前台積電的價值效應。

筆者相信台灣的電信三雄，只要時間長一點還是有能力完成填權息。顯然的，從財報績優特質延伸往前看行業產銷模式，全球第一名的公司確實較國內第一名公司值錢，所以較能吸引投資人完成填權息。

表 4-4　台積電與三家電信股 2008 年填權息能力比較表

單位：新台幣元

項目 / 公司	台積電 2330	中華電 2412	台灣大 3045	遠傳 4904
每股盈餘	3.86	4.64	5.18	3.09
現金股利	3.00	3.83	4.69	2.80
股票股利	0.05	1.00	-	-
除權息日及前一日收盤價	7/15，55.8 元	8/03，65.8 元	7/06，57.4 元	7/23，40.6 元
09 年 8/31 收盤價	59.2	56.4	51.7	37.15
截止 09 年 8/31 完成填權息	YES	NO	NO	NO

資料來源：公開資訊觀測站與神乎科技資料檔。

第五章

企業現金流量的虛與實

裡子與面子孰重孰輕

2008 年 7 月初，台灣一家知名老牌家電上市公司遭到證交所檢查帳務和業務，雖然這家公司近年來營收與獲利都呈現成長趨勢，又兼具土地資產豐富題材，但股價卻在事件爆發後一瀉千里，最後被主管機關裁定在當年 11 月終止上市。這家因帳上存在著鉅額應收帳款致出現惡性財務危機的公司即是歌林（1606），為何掛牌已有 35 年且近年來有賺錢的公司會突然不告而別？

解讀前述歌林公司的財報關鍵密碼，在於現金流量表與資產負債表的變化，而不是損益表上的獲利數字，尤其是現金流量表透露的警訊。何以在評斷企業價值強弱時必須格外重視現金流量表的內涵，主要原因是財報損益數字並不等於賺賠相對等的現金數額，而現金偏偏是企業生存保命的活水，重要性非同小可。這種差異源自財務報表是依「應計基礎」（Accrual basis）編製，所以損益表中揭露的當期獲利金額並不表示當期就有如數的現金流入，當然若出現虧損也不完全現金全數流出。透過現金流量表的變化可以幫忙我們了解現金在資產負債表及損益表的流動情形，進而偵測公司體質的安全能力（指資產負債表）及營運的獲利能力（指損益表），更進一步衡量公司價值的高低。

現金流量的強弱代表企業的流動性能力高低，它的重要性絕對不亞於損益表上的獲利能力，尤其當企業遭遇不景氣面臨生存保衛戰時，它的影響力更大。這就好比身強體健的人突遭血管栓塞的冠心病侵襲而病故，因此帳上損益如同人的氣色，現金流量則似血氣，一個是面子，一個是裡子，面子不錯不代表裡子很好，一旦血液流通受阻，後果則不堪想像。

三大現金流量各司其職

現金流量表包括經營、投資、與融資等三大流量活動，這三大活動貫穿了損益表與資產負債表各個環節，就像一條河流穿過平原與高山，流經鄉鎮與都市，製造了生機也讓人看到危機。經營活動（也可稱營業活動）的流量主要包含損益表的淨損益和損益調整項目（如折舊攤銷、資產出售、投資損益認列項目），以及大部分流動資產與流動負債餘額的年度變動（如應收應付與存貨等），它可以說是現金基礎制下的本期淨損益，同時是現金流量表中含金量最高最為重要的項目，也是企業永續發展的源泉。

投資活動則以固定資產及長短期股權投資的變化為核心（如資本支出），它是企業製造經營活動現金流入的能源與基幹，可以說沒有投資活動就沒有經營活動，它的淨流出被視為是正常狀況，一旦出現淨流入則有可能是盛極而衰的徵兆。融資活動為長短期金融負債及股東權益項目的增減調整（如現金增資、公司債、與借款），它是企業的後勤總管，負責經營與投資活動的資金供輸，它不應該只進不出，否則經營包袱會愈來愈重。

三大流量活動的進退有據與循環有序是企業生生不息的基礎，至於如何循環有序則視公司發展階段、產業位置、與經營績效而定。正常情況，企業的三大現金流量如表 5-1，在不同發展時期會有不同的流出與流入，這就好像人們在童年、青年、中年、與老年時期，不斷的在知識技能（投資活動）、職場報酬（營業活動）、與儲蓄借款（融資活動）等三項活動中循環變化。企業如果嚴重脫離了表 5-1 常軌就不是所謂增減有度循環有序，它產生的後遺症特別值得關注。

表 5-1　企業現金流量之階段發展變化表

項目／發展階段	初創期	成長期	成熟期	衰退期
營業活動現金流量	<0	>0	>0	<0
投資活動現金流量	<0	<0	<0 或 >0	>0
融資活動現金流量	>0	<0 或 >0	<0 或 >0	<0 或 >0
現金淨流量合計	<0 或 >0	>0	>0	<0
稅後淨利	<0	>0	>0	<0

在初創期，顯而易見經營與投資活動的現金淨流出只能由融資活動的資本或借款來支應，有些資本與技術愈是密集的產業（如半導體與醫藥事業），它們的融資活動能力愈是要堅強，否則還沒等到正常獲利與經營現金淨流入可能就已彈盡援絕。

現金流量的正循環與負循環

當企業步入成長期時，代表著年輕力壯有前景。一般而言，當期獲利與經營活動現金流都會出現正數，為了保持成長力道，投資現金流仍會持續流出，融資現金流則視投資活動金額大小與經營活動績效高低而產生淨流出（入）。當某個產業處在成長階段，我們可以通過現金流量的強弱來檢驗公司生存能力與價值高低，這些分析指標有：

1. 當期出現淨利，且主要來自本業獲利。
2. 營業活動淨現金流量為正數，且金額大於營業利益，或稅後淨利。
3. 營業活動淨現金流入足以支付投資活動的資本支出，或長期股權投資。

4. 營業活動淨現金流入餘額，足能應付投資與融資活動淨流出數而有餘。

以上四項指標愈是擁有，則現金流量的「正循環」效應愈是明顯，其公司價值也能產生「富循環」效果。反之，若僅出現第一項獲利條件，其他三項不足或完全欠缺，即應留意企業的管理能力，這種狀況沒有獲得改善，現金流量的「負效應」即會逐漸顯現，且勢必衝擊公司價值，甚或瓦解企業生存能力。例如，營業活動現金流若是經常大幅低於當期淨利，代表流動資產的變現性停滯，賺了面子卻賠了裡子；另外營業淨現金流入若無法支應投資活動現金流出，就必須仰賴融資活動，如此常年累積結果不是資本愈大愈不利每股盈餘，就是金融負債愈高愈是存在財務風險。

注意現金流量由實轉虛

企業發展進入成熟階段，意謂著營收與獲利的成長幅度減緩，此時三大現金流量和成長期最大的差別應該是在投資活動。成熟期的資本支出通常會降低，取而代之的是平行或垂直整合的轉投資事業，這個階段企業的管理績效遠較產品利基還重要，具規模效應的龍頭企業尤能勝出。擁有前述成長期四項優勢的公司，在這階段由於仍有豐富的營業現金流入，不僅能支持投資活動支出，也能支應融資活動的大額現金股利與回購庫藏股。如果企業的營業現金流入逐漸下滑，甚或為淨流出，而投資與融資活動出現不規則的淨流入（出），且這兩項活動的現金流量數已漸趨替代營業現金流量，此即是本業發展受限與產業成熟的跡象，也是現金流量由實轉虛的階段，公司管理當局或投資人必須留意公司價值的負面反應。

當進入衰退期時，正常情況，營運發生虧損會波及營業現金流量變為負數，除非虧損主係來自非現金流出項目，如轉投資損失或折舊費用。如果衰退期拉長加上管理不善違背誠信，很可能要割愛出售長短期投資來因應。一般而言，投資活動現金流經常出現淨流入，即是企業衰退甚或出現財務危機前的徵兆。

學習心得

1. 賺錢的公司必須也賺進了相當的營業現金流入才真正是賺錢公司。
2. 營業活動現金流量是三大流量的火車頭，保持淨流入是健康發展之道。
3. 投資與融資活動現金流量經常出現淨流入是企業由實轉虛的徵兆。
4. 價值高的公司，它的營業現金淨流入始終能支應投資活動淨流出，或是可全數支應投資與融資淨流出而有餘。
5. 現金流量產生的流動性負面壓力遠較正面活力還明顯。

案例分析（一）：歌林公司（1606）營業現金流量嚴重失衡

歌林公司為台灣知名的老牌家電公司，2004 年開始轉型投入面板電視（LCD/TV）營銷。由表 5-2 可得知歌林營收從 04 年每年大幅增長到 07 年的 212 億元，而且每年獲利成長明顯，但為何會遭致下市命運呢？從財務面找答案，原因即是應收款項管

表 5-2 歌林公司歷年來現金流量與業績分析表 單位：新台幣百萬元

	2008/1Q	2007	2006	2005	2004
營業現金流量	(216)	(1,362)	(357)	(1,122)	(678)
投資現金流量	(199)	(1,000)	(2,027)	94	(1,041)
融資現金流量	313	2,133	2,743	1,297	1,535
營業收入	3,460	21,211	15,727	13,812	8,545
應收款項	11,308	11,348	9,397	7,216	2,996
收款天數	298 天	178 天	193 天	135 天	128 天
稅後淨利	6	587	389	294	(126)

資料來源：公開資訊觀測站。
註：08 年財報只申報到 1Q。

控不當，資金積壓重，導致營業現金流量 2004-2008 年皆出現淨流出。此外由於歌林的投資活動仍甚積極，但營業現金流無法支應，因此必須倚重融資活動，造成每年融資現金淨流入，金融負債於是日積月累相當沈重。歌林危機事件正是反應營業現金流入的重要性。

案例分析（二）：台積電（2330）與力晶（5346）現金流量的正負循環差異

台積電與力晶皆屬上游資本與技術密集的半導體產業，行業特質是必須不斷資本支出以提昇技術並擴增產能，從它們每年都出現大額投資活動現金淨流出即能體會。通常上游產業每年龐大的投資淨流出而產生的折舊費用是營業現金流入的重要成分，如果經營能力優異每年都有盈餘，其營業現金流入就能源源不絕，且能支應投資與融資活動的重要現金流出，例如資本支出、現金股利、庫藏股、與償還金融負債等。

很明顯，台積電現金流量即有此正循環的特徵，由表 5-3 它的三大現金流量確實以營業現金流為馬首是瞻，投資與融資活動現金流成為配角，亦即每年從大額的營業現金流入支應資本支出及現金股利與回購庫藏股。例如近兩年現金股利合計發放了 1,544 億元，庫藏股買回 789 億元，資金流出主要係用在股東的權益上。反觀力晶雖然企圖心強盛，投資積極，不過受限產品競爭地位與產業特性，其盈餘能力波動性大，大盈大虧造成營業現金流入始終無法負擔投資活動現金流，所以連年必須透過融資活動來籌資因應，其融資活動現金流量與台積電的流量南轅北轍，難免令人懷疑是否會出現過度舉債經營的槓桿風險。

事實上，當融資或投資現金流量經常出現反客為主的淨流入時，即表示企業的現金流量不是那麼實在，負循環作用將逐漸破壞公司價值。力晶雖然在 2005-2007 年帳上有豐富現金，但由於虧損太大及財務槓桿過重，在 2009 年 6 月即出現無力償還 ECB

表 5-3　台積電與力晶公司歷年現金流量結構分析表

單位：新台幣億元

	2008		2007		2006		2005	
	台積電	力晶	台積電	力晶	台積電	力晶	台積電	力晶
營業現金流量	2,119	(1)	1,741	336	1,960	421	1,504	208
投資現金流量	(311)	(213)	(659)	(743)	(1,173)	(638)	(730)	(447)
融資現金流量	(1,150)	92	(1,358)	203	(640)	260	(575)	246
現金流量增減	658	(122)	(277)	(204)	147	44	198	6
年底現金餘額	1,382	74	724	196	1,001	400	853	356
稅後淨利	999	(575)	1,091	(123)	1,270	273	935	64

資料來源：公開資訊觀測站。

負債情事而被送進全額交割股（註：後來協商解決，但 9 月初又因半年報虧損每股淨值低於 5 元而又被變更交易），顯然的，從力晶歷年的現金流量三大循環可以看出端倪。

案例分析（三）：通用汽車（GM）與華隆公司（1407）的現金流量困境

美國通用汽車與福特及克萊斯勒三大汽車廠負責人，在 2008 年第四季發生金融危機時，因搭乘私人豪華飛機到國會要錢紓困，被美國群眾嗤之以鼻。雖然通用汽車在 2009 年 6 月初已向法院申請破產，美國政府可能成為最大的股東，不過觀察它的年營業額，每年近 2 千億美元確實已超過台灣前 50 大上市公司合計年營業額，難怪會讓執政當局重視。想當年台灣的華隆纖維公司，其規模在台灣也不小，不過在 2002 年 5 月出現財務危機變更交易後，即在 03 年 11 月黯然下市。

觀察表 5-4 與表 5-5，可以發現這兩家困境公司在財務問題爆發前，其投資活動已產生現金淨流入，如華隆在 01-02 年，通用汽車在 05-06 年，主要皆是為了支應融資活動的償債（華隆公司尤為明顯），以及彌補營業現金淨流出的不足（GM）。雖然兩家公司拼命想增加現金流入以挽回頹勢，無奈本業大幅虧損又背負龐大債務，例如通用汽車 2007 年到 2008 年第三季累虧金額高達 599 億美元，造成營業現金流量為負值，另外該公司 2007 年以來已出現資不抵債淨值淪為負數，難怪負責人要低聲下氣希望政府能夠援助。

表 5-4　華隆 (1407) 公司財務危機前三年現金流量分析表

單位：新台幣百萬元

	2001	2000	1999
營業現金流量	1,935	2,256	659
投資現金流量	199	389	-129
融資現金流量	(2,287)	(2,791)	(990)
現金流量增減	(152)	(145)	(460)
年底現金餘額	6	159	304
稅後淨利	(15,085)	(4,256)	(92)

資料來源：公開資訊觀測站。

註：華隆公司在 2002 年 5 月變更交易，2003 年 11 月終止上市。
另外 00-01 年營業現金流為正數主要是帳上大幅打銷長期投資損失所致。

表 5-5　通用汽車 (GM) 歷年來現金流量結構分析表

單位：美金億元

	2008/3Q	2007	2006	2005
營業現金流量	(96)	77	(117)	(168)
投資現金流量	(5)	(17)	196	85
融資現金流量	17	(55)	(37)	34
稅後淨利	(212)	(387)	(19)	(105)
營業收入	1185	1811	2073	1926

資料來源：Yahoo.finance。

第六章

應收款項與存貨的美麗與哀愁

各行各業應收款與存貨存在特色

有一次上課問同學說：「在上市櫃公司中有哪種行業的產業特質是“應收帳款 & 票據金額”小，或其佔總資產比例很低，換言之，這種公司業務是收現金多，賒銷少，在正常運作下，它的財務狀況會相形出色。」同學們於是紛紛回答，像餐飲連鎖店、百貨業、家電通路商、電訊服務商等。然後筆者又再提問：「有哪些公司業務性質能夠先收款再提供服務，如此它們的財務狀況將更具優勢。」接著就有同學回答，有啊！例如有線電視、及休閒育樂或健身養生採會員制的公司，像亞歷山大健康事業，真可惡被倒了幾萬元。的確如此，有先天財務優勢並不見得不會出事。後來，我又問到：「有哪種公司的存貨不怕放久且不易變質提列損失，甚至可能會增值」。有位同學直接了當的說：「我知道，是金門高粱，而不是台灣啤酒」。同學果然觀察敏捷，其他當然還有黃金、鑽石、石油等稀有物質等。

正常觀之，企業應收款項或存貨少，它的財報即會出現現金充裕、長短期借款融資小、自有資本率高、業績良好與營業現金流量富足等健康特色，而且這種行業屬服務業較多。如果企業管理當局正派經營，其實這種公司是蠻值得穩健型投資人做長期持有。檢驗這種企業是否正派經營，其實可將產業特質與財報特色對照比較，加上分析獲利能力的穩定優良度，即能察知。

為何會說具備這些產業特質的公司，頗適合穩健投資，主要理由是該等公司大都屬內需型產業，以台灣市場觀之，它們營收成長較為平穩有限，但客源穩定，且績效來自管理利基。另外由產業特性導致其股價波動幅度較小，抗跌又抗漲，此外它們的股息政策大都是以現金為主，每年享有不錯的殖利率報酬（現金股利／股價）。

企業經營能力的關鍵指標

上市櫃公司具有這種產業特性的財務質優公司其實還不少，如果用股票術語形容即所謂「定存概念股」。我們若歸納定存概念股的財務特色不外乎有下列：

1. 帳上現金存量豐富。
2. 每年有穩定充裕營業現金流入。
3. 財務透明，每年獲利容易估算。
4. 融資借款低，自有資本率高。
5. 營業收入成長性低但毛利率高。
6. 現金殖利率高逾年定存息數倍。

簡而言之，這類公司財務安全度甚高，容易受穩健型投資人青睞，尤其在股市低迷環境不佳時。不過定存概念股還是有它的討厭之處，即股價波動幅度小，無法特別吸引賺價差的投機客。我們常聽說人的個性決定他的命運，股票也是如此，產業特質決定股性，如果要硬性扭轉它反而會適得其反，傷心難過。

其實在一般製造業的上市公司，“應收款項”與“存貨”的絕對金額是經營者不敢忽視的資訊，因為它們大額現金流量的進出，關係著企業的經營能力高低，而經營能力高低又深深左右著獲利能力與現金流量強弱，最後在公司價值上出現了關鍵影響力。筆者綜合這兩項資產的特性有下列五點：

1. 為營業現金流出的主要項目，容易積壓資金。
2. 製造業下游公司較上游來的大，製造業餘額也較服務業來的多。
3. 沒有這兩項或其金額佔總資產微小的公司最具財務優勢。
4. 為盈餘管理操縱損益的核心項目。
5. 財務比率中經營能力與償債能力的重要指標。（註 1）

存貨的投資評價較應收款項高

這兩項資產雖然存在管理不善的負面效應，但比較起來應收款項的資產投資價值確實較存貨低，因為它僅是放帳信用長短的期後兌現，基本上屬防禦性的資產；然而存貨卻有補庫存和清庫存的資產評價效應，它兼具攻擊性的題材，能夠提供利害關係人有關企業的價值資訊，例如景氣看淡，銷貨下滑但存貨水位仍高，即有清庫存的變現損失，此前瞻資訊將衝擊股價；相反的，景氣翻揚，銷貨預期增加，此時庫存若太低，即會出現強勁補庫存的股價正面效應。

至於如何快速有效的檢驗應收款項與存貨的風險高低？我們可以透過以下步驟進行，例如評估一家電子下游公司的狀況。

註 1：（一）經營能力指標

應收款項週轉率：營業收入 ÷ 平均應收款項

應收款項收現天數：365 天 ÷ 應收款項週轉率

存貨週轉率：銷貨成本 ÷ 平均存貨

存貨售貨天數：365 天 ÷ 存貨週轉率

※收現天數的快速演算：（應收款項 ×365）/ 銷貨

（二）償債能力指標

流動比率：流動資產（包括應收款項與存貨）÷ 流動負債

速動比率：流動資產（僅應收款項不含存貨）÷ 流動負債

1. 應收款項或存貨其年度增加幅度是否大於營業收入或銷貨成本，如果是，經營風險就會增加。
2. 這兩項資產餘額佔總資產逾 60%，且經常如此，風險值升高。
3. 收現天數與售貨天數有增加趨勢，且較同業高。一般而言，收現天數超過 150 天，經營風險就提高，天數愈高風險愈大。

當一家公司同時出現前述三種情況，它的管理績效一定有問題，即使公司尚有賺錢也不一定安全，因為它的營業現金流量很可能是負數，其產生的潛在流動性風險或財務危機，值得我們特別注意。如果僅出現其中一種狀況，則可以藉助更多財務資訊來解惑，例如公司有第二項狀況，其中應收款項 50%，存貨 10%，即 100 元總資產，這兩項資產就佔了大半以上，雖然有週轉風險，惟企業的收現天數正常，壞帳少，且應付帳款也取得相當的信用，另外它的獲利能力與營業現金流入皆屬良好，如此這家公司的經營險值應該有限。

學習心得

1. 從行業性質可判斷應收款項與存貨餘額高低，並間接透視股性。
2. 製造業下游公司的收現與售貨天數愈低，代表經營能力愈強，公司價值愈高。
3. 正常情況，存貨餘額高低的變化較應收款項更具投資評價之運用。

案例分析（一）：各類績優公司的應收款項與存貨餘額分析

如下表 6-1，筆者整理了各行業具代表性公司的應收款項與存貨概況，並就電子業下游營業額規模前二名的鴻海與廣達列示其收現與售貨天數和業績關係。很明顯的，行業性質決定了這兩項資產餘額大小，如電信業、飯店餐飲、及有線電視行業是屬低應收款項與存貨性質，另台積電與聯發科主要是績效管控良好所致，全國電的低應收高存貨符合行規，遊戲軟體的智冠則有低存貨行業性質。這些行業的有利基因提供了公司發展的堅實基礎，當然最重要的還是經營者的管理智慧，如果欠缺，就會如 2007 年底亞歷山大健康事業垮台的惡性案例，經營者公器私用，挪用客戶預收款亂投資，導致流動性風險。

表 6-1　2008 年各類股績優公司的應收款項及存貨比較表

單位：新台幣億元

公司 / 項目	業務類別	應收票據 & 帳款 (A)	(A) 佔總資產 %	存貨 (B)	(B) 佔總資產 %	現金佔總資產 %	每股盈餘（元）
中華電 2412	電訊服務	101	**2.2**	35	**0.8**	16.8	4.64
台積電 2330	上游晶圓	168	**3.1**	128	**2.4**	25.6	3.86
鴻海 2317	下游電子	1924	**29.7**	853	**13.2**	2.6	7.44
廣達 2382	下游 NB	1144	**51.1**	95	**4.3**	13.4	5.58
聯發科 2454	IC 設計	255	**2.6**	33	**3.5**	37.0	18.01
全國電 6281	家電通路	0.3	**0.7**	15	**35.4**	43.0	3.55
大豐電 6184	有線電視	0.5	**3.8**	0.1	**0.8**	46.3	3.09
智冠 5478	遊戲軟體	17	**25.9**	1.5	**2.4**	20.5	**8.05**
晶華 2707	飯店餐飲	1.1	**3.3**	0.1	**0.4**	1.1	10.26

資料來源：各公司年報。

表 6-2 鴻海與廣達歷年來經營能力指標與業績概況比較表

單位：新台幣億元

項目 / 公司 / 年度		2008	2007	2006	2005	2004
收現天數	鴻海 2317	46	48	57	56	61
	廣達 2382	58	51	59	57	58
售貨天數	鴻海 2317	33	28	30	29	25
	廣達 2382	6	6	7	6	9
營業收入	鴻海 2317	14,730	12,355	9,073	7,070	4,216
	廣達 2382	7,630	7,323	4,615	4,031	3,244
稅後淨利	鴻海 2317	551	776	598	423	297
	廣達 2382	202	184	129	109	119

資料來源：各公司年報。

圖 6-1 鴻海與廣達收現與售貨天數比較圖

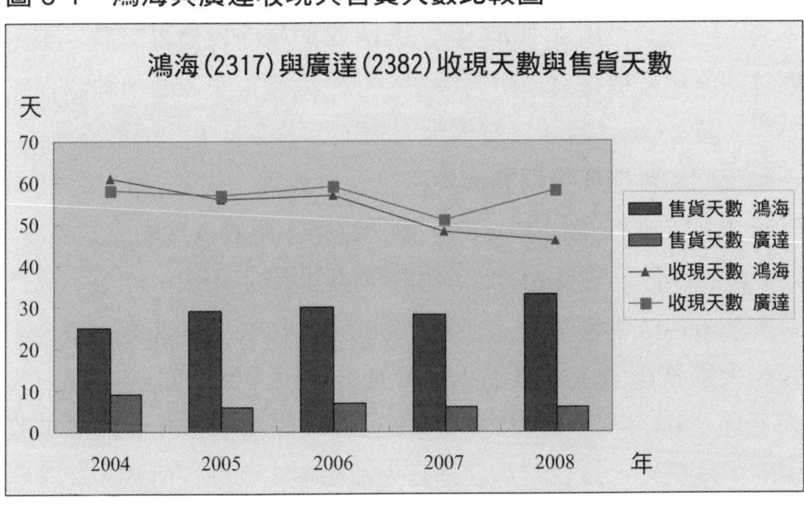

此外，產業存在應收款項與存貨雙高特質的電子下游公司——鴻海與廣達，雖然應收款比重高，但存貨比重卻壓的很低，尤其是廣達；為了驗證這兩家公司的經營能力非常優秀，從表 6-2 發現五年來它們的營收不斷增長，但應收款的收現天數始終在 2 個月內，同時存貨的售貨天數更是驚人，可以週轉如此快速，從這兩項傑出經營指標即能體會何以業績與獲利能夠蒸蒸日上。

案例分析（二）：歌林公司（1606）應收帳款控管不當致危機下市

歌林公司設立日期為 1963 年 8 月，於 1973 年 9 月上市掛牌，然而存活了 45 年的老公司卻在 2008 年 7 月發生財務危機，半年不到即在 2008 年 11 月 6 日遭到下市命運，讓人不勝感嘆。

分析歌林的危機事由主要是因巨額應收帳款的收現問題交代不清，而被證交所從 2008 年 7 月 16 日開始處以變更交易。雖然歌林的財務危機還有非財務因素，如三大股東家族共治理念存在歧見，及 08 年 7 月 3 日發佈重大訊息更換簽證會計師事務所等，不過我們若從歷年來財務因素探討會更具體。如表 6-3，從 2004 年至 2007 年營業額不斷成長，但卻趕不上應收款項的成長幅度，如 04-05 年營收成長 61.7%，應收款項卻大幅成長 141.1%，拉長時間看 04-07 年營收增長 148.4%，但應收款項卻高達 279.6%，因此大幅積壓資金是必然；另檢查其收現天數，從 04 年的 128 天上升至 08 年第一季的 298 天，可見應收款項存在著大額未收現的潛藏壞帳，這也暗示歌林有大幅虧損、流動性危機、及管理當局掏空嫌疑等狀況。一葉知秋，一觸即發，由於應收款項的管控不當，讓年將逾半百的老牌公司灰飛煙滅。

表 6-3 歌林公司 (1606) 近四年財務和業績概況表 單位：新台幣億元

項目 / 年度	2008(Q1)	2007	2006	2005	2004
營業收入	34.6	212.1	157.2	138.1	85.4
營業損益 (%)	1.3 (3.8%)	8.1 (3.8%)	6.7 (4.3%)	4.8 (3.5%)	2.1 (2.5%)
淨利	0.06	5.9	3.9	2.9	-1.3
營業現金流	-2.16	**-13.6**	**-3.5**	**-11.2**	**-6.8**
應收款項 (%)	113.0 (41.0%)	**113.5 (40.7%)**	**93.9 (34.6%)**	**72.1 (35.0%)**	**29.9 (18.6%)**
收款天數	298	**178**	**193**	**135**	**128**
短期金融負債 (%)	25.3 (9.2%)	23.7 (8.5%)	44.8 (16.5%)	37.3 (18.0%)	45.8 (28.5%)
負債比率 (%)	63.8	62.7	62.9	64.2	58.0
每股淨值 (元)	11.31	11.86	12.30	10.51	10.28
年均價 (元)	12.42(季)	12.0	9.26	8.95	9.62

資料來源：公開資訊觀測站。

註：營業利益 (%) 代表營業利益率；應收款項包括“應收帳款”與“票據”，(%) 表示佔總資產比率。短期金融負債也如此表示。

案例分析（三）：金門高粱與貴州茅台（600519）的存貨存在特色

2008 年 5 月和扶輪社社友到金門做職業參訪，我們拜訪的第一站即是以釀造高粱酒聞名國際的金門酒廠（簡稱金酒），金酒高級主管在簡報中強調，金酒公司自 1952 年設立以來已超過半世紀，金門高粱之所以越陳越香，越久越有名，在於蒸餾次數僅有兩次以及自行以小麥提煉的優良酒麴菌種。接著這位高階主管在我們詢問之下回答了金酒的驚人獲利，以 2007 年為例營業額約新台幣 120 億元，淨利卻高達約 42 億元，實收資本 25 億元，每股盈餘約達 17 元。由於金酒尚未公開發行，無從驗證確定的獲利數字，不過來自公司高層轉述自然有其可信度。

相對金酒公司的高獲利，台灣菸酒公司（註：前身即是公賣局，股票代碼 8394）則略為遜色，它雖然已於 2005 年元月公開發行但尚未上市櫃。從表 6-4（P.102）比較台灣菸酒與大陸白酒第一品牌貴州茅台（股票代碼 600519）兩家公司的營運數據，台灣菸酒不僅不如金酒，亦與貴州茅台相差甚多。分析原因有股本太重、產品分散加上公營包袱較重，而且目前菸酒專賣制度已經解禁，預期未來的營運競爭將會與日俱增。

如果對照貴州茅台的經營績效和公司價值，同屬白酒品牌的金酒公司其實存在蠻大發展空間。雖然金酒公司 07 年每股盈餘新台幣 17 元不如貴州茅台的人民幣 3 元（註：大陸股市每股面值為 1 元，台灣為 10 元），但未來若能走入資本市場，不僅能夠募集資金開拓大陸和全球市場，其公司價值或將一飛沖天。不過這些都有待最大控股股東——金門縣政府，及縣議會議員們的合作，方能實現夢想。

兩岸的白酒公司各擁有一片天，每年都賺進大把銀子，它們的成功因子除了得天獨厚有政策支持力量外，當然與管理當局的勤勉盡職有密切關係。從財報分析，其實它們有個資產項目絕對是得天獨厚，那就是存貨項目。一般產業，尤其是電子公司的完成品，當帳列存貨後就有可能因技術、天候、顧客、時間等狀況，造成存貨必須減值甚或報廢，這將影響當期績效，嚴重的話造成公司大虧和套牢龐大資金，可以說存貨就是不要存，否則資產很可能變成損失。就正常營運的白酒公司如金酒和貴州茅台，它們的白酒存貨就沒有這個顧慮，這些產品能夠經得起時間考驗，越放越有價值，可謂經典內在驚訝外在，這是釀酒公司在一定營業規模後的存貨管理特色（有些品酒人士就以收藏各年名酒讓它增值）。

值得我們特別注意的是，表 6-4 兩家公司的收現天數都很短，表示銷貨順暢應收款管控良好，但存貨售貨天數卻是高的嚇人，尤其是貴州茅台 08 年甚至逾 1,000 天，好像存貨發生狀況。其實不然，這是行業特性，就如績效優良的營建公司要養土地，而土地屬於存貨性質。如貴州茅台 08 年底的存貨有人民幣 31.1 億元，當年度的銷貨成本僅 7.99 億元，這樣說明讀者即會明白存貨特質。

另外，這些白酒績優公司還存在現金收現制（銀貨兩訖），和預收現金制（先收訂金後交貨）的財務優勢，在財務管理和資金調度上遠較其他類公司輕鬆自在。讀者不彷想想，還有哪些上市櫃公司具備這些財務管理的優良條件，它們都是股票投資的潛在標的之一。

表 6-4　台灣菸酒與貴州茅台財務績效比較表

單位：新台幣億元，人民幣億元，%

項目＼年度	2006		2007		2008	
	台灣菸酒	貴州茅台	台灣菸酒	貴州茅台	台灣菸酒	貴州茅台
營業收入	583	49	587	72	590	82
營業毛利	148	35	146	58	157	68
毛利率	25.5%	72.2%	24.9%	79.6%	26.7%	82.0%
營業利益	84	25	82	45	89	54
營業利益率	14.5%	50.7%	14.0%	62.5%	15.1%	65.4%
稅後淨利	78	15	77	28	77	38
EPS (元)	2.22	1.64	2.19	3.00	2.21	4.03
應收帳款收現天數	7.15	12.99	6.98	10.12	6.79	7.81
存貨售貨天數	157.4	891.3	146.0	897.3	151.5	1,236.7
負債比率 (%)	27.9%	35.6%	24.8%	20.2%	26.08%	27.0%
實收股本	350	9	350	9	350	9
每股淨值 (元)	20.8	6.4	21.0	8.7	21.2	11.9
淨值報酬率	10.8%	27.4%	10.5%	39.6%	10.5%	39.0%
股票年均價 (元)	NA	53.3	NA	120.1	NA	154.7
PB ratio	NA	8.3	NA	13.8	NA	13.0
PE ratio	-	32.5	-	40.0	-	38.4

資料來源：台灣公開資訊觀測站及上海證交所。

企業安全篇

第七章

長期股權投資是變形金剛還是變形蟲？

三藩是康熙的重要轉投資

當年清朝政府能夠入關，為其打天下的不光是滿族貴族，還有很多漢族將領。其中功勞最大的有四個人，清政府為表彰他們的功勞，將他們四位封為親王，分別是：定南王孔有德、平西王吳三桂、平南王尚可喜和靖南王耿仲明。孔有德在鎮壓明朝餘黨反抗的戰鬥中陣亡，所以實際上只剩下三個漢族王爺。吳三桂勢力最大，佔據了雲南和貴州，尚可喜駐防廣東，耿仲明駐防福建。

他們在當地擁兵自重，一年的軍費開銷佔了清朝一半以上的財政支出。另外三藩也相當驕橫，尤其吳三桂，他任命的官員比朝廷任命的還多，而且朝廷派到雲南等地的官員根本沒有實權，權力完全掌握在三個籓王手中。雖然年青氣盛的康熙帝氣憤填膺，惟考量吳三桂等人能征善戰，且先皇順治帝和三藩有過盟約，讓他們永守南方，而且絕不猜疑，因此康熙只好等待時機。

當尚可喜年邁擬還鄉養老，康熙即批准但不准由其兒子繼承王位，並以此試探另外二藩態度，不料吳三桂也投石問路提出撤除藩王職位，回家享清福，以測試康熙心思。康熙雖然欣喜三藩提出撤籓，但許多大臣都認為三藩撤藩是假的，若批准撤藩必然會造反，不過，最後康熙還是將計就計毅然下詔撤除三藩。以吳三桂為首的三藩於是原形畢露，起兵造反，雖然起頭朝廷節節敗退，惟康熙調度有方，且擒賊擒王策略成功，經過八年終於平定三籓。（註 1）

註 1：摘錄《二十五史故事》，大陸華文出版社，翟文明編著。

從財報長期股權投資項目觀察，其實三藩就是康熙帝轉投資的重要資產，三藩能夠穩定民心進而安邦定國是君王的投資目的。不過三藩昧於情勢且傲慢自大，成為朝廷的沉重包袱，逼的最高管理當局不得不認賠停損，雖然一度造成危機，終能化險為夷。如三藩造反案例，中國歷史各個朝代經常發生，若君王無才缺德就會像宋朝趙匡胤黃袍加身，開創新局。另外，康熙是中國歷史在位時間最長的皇帝，長達 61 年，號稱千古一帝，雖然他有 35 子 20 女，但一生中最失意的事即是繼承傳位問題，兒子眾多能力非凡就如重要的子公司，不過兄弟為爭奪大位也如唐太宗李世民與其兄弟明槍暗箭殺氣騰騰，最後還是康熙頭腦清楚欽點四兒子胤禎（雍正皇帝），才結束紛爭讓大清國運綿延百餘年。

長投是財報舉足輕重資產

長期股權投資是上市櫃公司在資本市場無法避免的轉投資活動，它隨著企業的成長軌跡而慢慢擴大，並有可能成為資產負債表的最大宗資產項目。當企業主營業務步入成熟甚或衰退時，它可能為企業的獲利支柱，但也可能變成母公司的沈重包袱，甚至成為財務危機的溫床。綜觀長期股權投資的資產特性有下列五點：

1. 公司年輕成長期，其佔總資產比例低，反之壯年成熟期則高。
2. 重大現金流出項目，影響財務結構安全性的重要資產。
3. 存在資訊不透明的本質。
4. 上樑不正下樑歪，容易成為損益操縱或輸送的資產。

5. 母以子為貴，可能變成公司轉危為安或強盛壯大的資產項目。

此外，我們若簡單歸納上市櫃公司正常進行轉投資的目的，不外有下列三大項：

1. 延續本業上下游的整合：如台塑集團各上市公司貫穿石化業上中下游各產業。
2. 本業成熟跨業轉型以尋求生機：如遠東集團轉投資化纖紡織、水泥、百貨、航運、電訊、銀行證券等。
3. 為海外事業控股績效而設：上市櫃公司最常見的即是透過第三地控股轉投資大陸地區，主要是經營成本和市場規模考量。

五項指標檢驗長投品質優劣

長期股權投資能否產生優良績效主要還是繫於經營者的管理能力及誠信行為。請記住長期股權投資本來就是要長期（泛指一年以上）才能產生回報，所以不能用金融操作的短期模式看待它，而且長期來看，管理當局還須建立「當斷則斷，該忍能忍」的經營態度，才能像前述康熙帝的作為，讓企業獲利能力保持不墜。如何檢視企業轉投資風險概況，我們可參考下列重點整理。

1. **轉投資持股比率愈高，愈能凸顯管理當局的經營企圖。**最好的轉投資控股模式是近 100% 的持股，這是標準的母子血親關係；其次是逾 50% 控制，濃度沒有前面高，像是叔侄關係；再其次是達到權益法認列損益且取得董監事，其血統關係變淡薄已然是遠親。如果無法達到前述三項標準，建議放棄轉投資吧，如果非做不行，最起碼未來應該還有業務往來貢獻，如台灣高鐵的原民營股東從高鐵取得生意。若轉投資總金額不小但大都是小額持股比例，或以高持股投資公司從事金融短線操作，就像把一筆錢丟在路旁，風險自然會提高。

2. **以合併報表檢查長期股權投資佔總資產比例的質量**。如果轉投資餘額佔母公司總資產比重很高（如逾 50%），看似存在不透明的管理風險，這種情況可透過合併報表來解惑，當合併報表長投餘額愈小其不透明風險就愈小，長期股權投資的含金量就愈高。
3. **長期資金（長期負債＋股東權益）應該大於固定資產與長期股權投資餘額**。一般財務分析中以長期資金和固定資產比值測試財務結構安全值，說明企業是否有以短支長的財務風險。事實上，長投餘額也是屬長期流動性不佳的資產，如果金額過大致長期資金低於它與固定資產合計數，就存在財務結構不穩的潛在風險。
4. **轉投資損益認列與出售投資損益意義不同**。在母公司損益表上的營業外收入或支出經常有這兩項，出售投資損益雖有資金流入但代表不穩定的營運模式，而轉投資損益認列屬產業經營性質，雖無資金流入但表示經常性的穩定模式，其對公司價值影響程度遠較出售轉投資損益來的積極正面。
5. **母公司本業長期的經營績效良好是轉投資成功的保證書**。有紮實的根才能長出茂盛的莖果，相似的有財務厚實的母公司才能支持子公司發展的本錢。因為過去累積了豐富盈餘與管理經驗，對於子公司就能無怨無悔的投入與付出，若沒有財務實力還要大肆轉投資，財務風險即會增加。

學習心得

1. 長期股權投資應視為母公司的重要香火，不管是多角化還是垂直化轉投資，其成敗關鍵在於管理者的善念與能力。
2. 對轉投資事業的綜合持股比率應該愈高愈好，才不會存在「大而不專、大而不明、大而無權」等三大症狀。
3. 長期股權投資是現金重大流出項目，應審時度勢量力而為，才不會破壞整體財務安全架構。

案例分析（一）：可成科技（2474）的合併報表是變形金剛

可成科技公司為台灣中小型電腦零件企業隨著電子業蓬勃發展而成長壯大的代表性公司。該公司設立於 1984 年，於 1999 年上櫃並於 2001 年轉上市。可成主要產品為筆記型電腦、手機、PDA 等資訊產品的機殼及內構件與散熱模組。多年來業績與國內電腦代工大廠一起成長，並透過海外投資控股子公司在大陸設立 100% 的孫公司，由於管理績效卓越，可成一直被市場認定為績優成長股之一。

如表 7-1 和 7-2，可成公司 2008 年母公司資產負債表，其長期股權投資高達 294 億元，佔了總資產的 82.1%，相對的其他項目的資產變的微小。另外母公司營收只有 37.5 億元，但營業外投資收益認列卻高達 43.6 億元，遠超過營收金額，本期淨利率也高至 115.8%。雖然財務結構與業績很好，不過因長投不透明影子造成許多數據的誤解，例如母公司流動比率平平與自有資本率極高不太對稱、本期淨利高於營收的不合理等。

此時進行可成的財務比率分析，若沒有觀察合併報表即容易被數據迷惑，看了之後才會恍然大悟，原來可成是以近 100% 轉投資控股子公司，致合併後的長投餘額只剩下 1.4 億元和 0.3% 而已。另外，營收也大幅變成 190.5 億元，權益法認列收益幾乎為零，營業收益率和淨利率也變的正常了。因此，由可成公司報表的變化可以看出它的長投濃度幾乎是 100%，母子同心完全掌控企業的經營權，同時也符合前面長投績效管理所述，頗值得其他公司借鏡。

表 7-1 可成科技 2008 年合併前後資產負債表比較表

單位：新台幣億元

	母公司資產負債表		合併資產負債表	
	金額	比例 (%)	金額	比例 (%)
現金及約當現金	9.5	2.6	73.5	16.5
應收帳款 & 票據	16.0	4.4	81.1	18.2
存貨	1.6	0.4	29.6	6.6
流動資產	28.1	7.8	227.8	51.1
長期股權投資	**294.0**	**82.1**	**1.4**	**0.3**
固定資產	31.8	8.9	198.9	44.6
總資產	**357.8**	**100**	**446.2**	**100**
流動負債	24.4	6.8	109.1	24.4
長期負債	38.0	10.6	40.8	9.1
負債總額	**63.3**	**17.7**	**150.7**	**33.8**
實收股本	59.9	16.7	59.9	13.4
保留盈餘	158.8	44.3	158.8	35.6
股東權益	**294.5**	**82.3**	**295.5**	**66.2**

資料來源：證交所公開資訊觀測站。

表 7-2　可成科技 (2474) 合併前後損益表比較表　單位：新台幣億元

	母公司損益表		合併損益表	
	金額	比例 (%)	金額	比例 (%)
營業收入淨額	**37.5**	**100.0**	**190.5**	**100.0**
營業毛利	8.5	22.6	76.5	40.1
營業利益	5.6	14.9	49.9	26.2
營業外收入	44.1	117.6	4.7	2.5
權益法投資收益	**43.6**	**116.2**	**0.3**	**0.2**
營業外支出	2.5	6.8	5.3	2.8
稅前淨利	47.1	125.7	49.3	25.9
本期淨利	43.4	115.8		
合併總損益			43.6	22.9
合併淨損益			43.4	22.8
少數股權損益			0.2	0.1
基本每股盈餘 (元)	7.25		7.25	

資料來源：證交所公開資訊觀測站。

案例分析（二）：台塑三寶和遠東三寶的轉投資經營比較

台塑與遠東集團可以說是台灣資本市場 1962 年創立至今，最有經營實力與能力的企業集團，它們兩家集團的核心三家上市公司充分發揮轉投資傳遞香火的功能與功績，且兩集團立足台灣開枝散葉的成長茁壯過程，即是六十年來台灣經濟奇蹟發展的縮影。截至目前它們的集團事業透過長期股權投資的控股或交叉持股，已經衍生上百家轉投資的子孫公司，並牢牢的將轉投資公司的根莖葉散佈在兩岸及世界各地。即使兩集團核心公司年齡已屆中年，仍然精壯厚實，大而彌堅，據此我們可以肯定推估它們開疆闢土與存活能力依舊相當強勁。

這兩大令人尊敬的上市集團公司包含了許多成功企業的元素，個中最重要的就是領導人具備歷史人物開天闢地不服輸的人格特質，即目光遠大，信守承諾，驅駕英才，廣結善緣；其次是它們高股權的控制股東模式，及精益求精的績效管理制度。由於用對的人與對的策略讓這兩大上市集團成為台灣之光，我們常說財報數字會說話，看看它們歷年優良績效即能反思經營者是何等兢兢業業與殫精竭慮，它們不僅實現了保障股東權益的公司治理原則，甚且也為自己、員工、與全體股東創造了最大福祉。

雖然這兩家集團的企業形象與經營成績各有千秋，令人刮目相看，但讓人好奇的是到底哪個集團會更受人尊敬，我們不妨從表 7-3 各核心三家公司的經營背景與績效分析。基本上，台塑集團主要是走垂直化的轉投資模式，而遠東集團則是多元化的經營架構。台塑集團的核心事業幾乎都在製造業，如最上游的石油煉製到下游的塑膠、化纖紡織等，另外也積極跨入電子事業的中上游；而遠東集團則橫跨製造業的化纖紡織，服務業的百貨、航運、電信，及金融業的銀行證券。

這兩家集團經營理念雷同之處有：母公司董監與轉投資皆高持股比率、領導人誠信經營、長期舉債經營、及維持良好績效等。如果要分出績效高低，似乎台塑集團更勝一籌，從台塑集團的合計總資產、資本額、營收與淨利皆大於遠東即可略窺一二。不過最重要的績效指標還是台塑三寶近五年的平均淨值報酬率，這項指標高低是公司總市值大小的重要元素，顯然截至目前台塑三寶較遠東三寶高出許多。我們若觀察台塑三寶的合計資本僅是遠東三寶的 2.18 倍，但市值合計的比值卻達到 3.87 倍，即能發現台塑集團經營績效較優。長期而言，台塑三寶讓投資人獲得的

表 7-3　台塑三寶和遠東三寶經營資訊比較表　　單位：新台幣億元

項目 / 公司 (代碼)	台塑 (1301)、南亞 (1303)、台化 (1326)	遠紡 (1402)、亞泥 (1102)、遠百 (2903)
成立年度	台塑 1954 年、南亞 1958、台化 1965	遠紡 1954、亞泥 1957、遠百 1967
上市年度	台塑 1964 年、南亞 1967、台化 1984	遠紡 1967、亞泥 1962、遠百 1978
核心產品	塑膠原物料及加工製品、化纖紡織	化纖紡織、水泥、百貨
產業鏈	以石化塑膠垂直產業相互投資為主	多角化經營涵括製造、服務、金融
董監持股 (%)	台塑：21.92、南亞：17.44、台化：26.51	遠紡：24.46、亞泥：30.17、遠百：22.99
控股模式	泛家族控制股東模式，形成大型集團	泛家族控制股東模式為大型集團
企業文化	勤奮樸實，績效管理	誠勤樸慎，創新精進
領導人特質	兄弟齊心，誠信為本，崇法務實	父子連心，強勢管理，廣結善緣
財務策略	長期舉債經營，槓桿效益顯著	長期舉債經營，槓桿效益平實
董監員工紅利	董監酬勞低，員工紅利以現金為主	董監酬勞低，員工紅利以現金為主
2008 年總資產	9,210.1	2,793.0
2008 年營業收入	6,405.8	821.5
08 年合計資本額	1,886.7	864.6
08 年合計淨利 (07)	351.9 (07 年：1,545.5)	122.2 (07 年：230.8)
08 年合計總市值	12,587	3,254
04-08 年平均 ROE	**台塑：19.0、南亞：17.8、台化：18.6**	**遠紡：10.9、亞泥：13.6、遠百：5.2**

資料來源：公開資訊觀測站及公司年報，並核算得之。

投資報酬確實更甜蜜。

集團企業就像個王國，一定要有高瞻遠矚深謀遠慮的高明領導人，未來兩家集團能否更上層樓，領導人的管理智慧最具關鍵。

案例分析（三）：台灣鳳梨公司（1206）轉投資炒股失敗致危機下市

台灣鳳梨（簡稱台鳳）公司在 2000 年 4 月底因董事會不同意會計師簽證報表中提列大額轉投資認列損失，致爆發內部人藉轉投資公司炒股醜聞及中興銀行違法超貸案，醜聞一旦引爆危機就無法收拾，兵敗如山倒的在同年 8 月被主管機關勒令下市。1955 年成立的老牌食品股也是資產股，在 21 世紀來臨前走入歷史，灰飛煙滅，令人扼腕。雖然事隔多年，卻嚴肅的提醒董監大股東，當股票掛牌後對投資者最基本的任務即是不能因財務危機而下市。台鳳的經營者讓股價大起大落，甚至讓半百基業隨風而逝，實在愧對外部投資人。

分析台鳳沈淪的最大原因應是大股東對股價的操縱意念太強，忘了我是誰。大股東為了能讓股價出人頭地滿足私慾，利用 1997 年業外大額利益創造高獲利，隨於 1998 年元月辦理現金增資募集 77 億元，並將此資金轉投資成立投資公司（長投金額 1998 年 2 季達到 74.1 億元），進行股價炒作。台鳳股價在 1998 年 7 月 8 日達到 8 年來最高價 257 元（離半年報作帳日後僅數天而已），嗣後即沿路崩跌，子公司也一路護盤套牢慘重。1998 年底，子公司因持股套牢的未實現跌價損失即高達 43 億元，台鳳利用長期投資科目之「作帳戲法」將之安置在股東權益項下，以規避當期虧損過鉅再度傷害股價。另方面董監大股東極欲紓解套牢資金而與鴻禧企業策略聯盟，斥資170億元投資秀岡山莊131.26公頃土地及在建工程，而鴻禧答應購入台鳳20%股權，台鳳畫餅編夢聲稱未來6年可創造500億元營收及200億元獲利。雖然台鳳努力救亡圖存，仍抵擋不住股價的頹勢。

如下表7-4，從1997-1999年營收不具成長性與營業利益始終為負值，即可了解公司本業績效貧乏，而且長期偏高的負債比率也代表公司潛藏的資金壓力。正常情況，台鳳在1998年第一季募集大額資金到位，應該能夠改善財務狀況，然而卻將大部分資金移作子公司炒股之用，其轉投資顯然偏離常規，最後在股價重挫後遭遇大額投資損失，同時曝露了嚴重的財務危機。台鳳透過轉投資進行金融短線操作的失敗案例，值得上市櫃公司經營者做為借鏡。

表7-4　台鳳公司1997-1999年財務資訊一覽表 單位：新台幣百萬元

項目 / 年度	1999	1998	1997
營業收入	3,040	1,696	3,216
毛利	353	64	403
營業利益	-271	-522	-58
投資損益	-2,189	-2,802	64
稅後純益	-2,146	-2,594	1,268
每股盈餘(元)	-3.60	-4.44	4.22
長期股權投資	2,234	4,964	1,901
總資產	32,322	29,124	19,126
自有資本率(%)	70.1	58.8	66.1
營運淨現金流量	-1,757	-1,889	634

資料來源：台灣經濟新報TEJ資料庫。
註：台鳳87年元月每股溢價70元，募集收足77億元。

第八章

企業舉債經營的成與敗

韓信的成敗宛如舉債經營

有關舉債經營的成敗，我們可用一段歷史典故來說明。西漢開國功臣韓信，淮陰（江蘇省）人，幼年父母雙亡，家境貧苦，時常遭鄰里惡少的欺凌，但他仍然勤於讀書練武，不與人爭。有一天，一位無賴挑釁的對他說：「你若是男子漢，現在就刺殺我，否則，從我的胯下爬過去吧！」韓信雖是極為憤怒，但還是忍氣吞聲的爬過他的胯下。後來，他加入了劉邦的軍陣中，卻因故發生事端，引起了不小的騷動。劉邦懷疑他們有叛變之心，便將韓信等十四人處死。刑場上，韓信對監斬官夏侯嬰破口大罵：「漢王不知惜才任用，竟還濫殺無辜，難道他不想擁有天下了嗎？」經過一番詳談，夏侯嬰發現韓信是個志懷遠略的人才，便保舉他擔任治粟都尉，管理糧秣，因而認識了丞相蕭何。

蕭何慧眼識英雄，便向劉邦推薦韓信為統帥三軍的將領人選。但劉邦連連搖頭說：「曾經爬過他人胯下的人，能擔當大將軍的重責大任嗎？」蕭何雖不斷試圖說服，但是劉邦仍然不為所動，韓信得知劉邦無意起用他，決定離開漢軍。隔天，韓信策馬離去，蕭何聞言失色，便帶著幾名隨員，一路急匆匆的追趕韓信。月光下，蕭何終於追上了韓信，並說服他回心轉意。蕭何歸營後，立刻向劉邦稟明經過，同時再次說服劉邦，任命韓信為大將軍。此後，韓信率領大軍東征西討，替劉邦完成統一天下的大業，建立顯赫的功績。

西元前 202 年，劉邦就任王位，成為漢高祖。因聽聞韓信庇護楚霸王的大將鍾離昧，懷疑他有二心，把韓信貶為淮陰侯。後來，高祖為討伐陳豨而出征，有人向呂后告密，韓信和陳豨有來往，可能會一同造反。呂后便召來蕭何商議對策，蕭何獻計，向朝臣宣稱高祖獲勝凱歸，群臣齊上朝祝賀，卻只有韓信託病未到，蕭何親自前去催促，韓信不疑有詐，放心隨同蕭何進宮。然而，一到宮中，呂后即令衛士將韓信逮捕誅殺。世人便以這段歷史淵源，而導出「成也蕭何，敗也蕭何」。喻指事之成功或失敗皆操縱於一人之手。（註 1）

其實舉債經營的成敗就像「成也蕭何，敗也蕭何」般，韓信要實踐夢想必須擴張信用，蕭何就是提供信用的金主，在創業之初信用像一條繩子把兩造緊緊綁在一起，但在功成名就後，韓信疏忽了信用的維續與偵察，尤其幕後大金主的心思，依然故我瀟灑自在，導致信用緊縮平白送命。這好比台灣過往大額融資的危機公司，剛開始都是你濃我濃，一旦銀行發現企業有衰敗跡象即雨天收傘，致加速企業危機成形。所以舉債經營也可以比喻「成也是債，敗也是債」，所謂水能載舟也能覆舟，風平浪靜的江河海水就像融資信用一定有它的能量與效果，但前題是掌舵者能夠衡量輕重知所進退，如果恃才傲物貪婪無度，即使無風無雨也可能船沉人亡。

負債的特質與管理原則

從負債性質分析，一般製造業主要涵蓋金融負債與營運負債，金融負債指長短期的融資借款、應付公司債或商業票券、及可轉換公司債等，而營運負債則是因業務產生的應付款項及費用。負債項目主要討論企業取得長短期信用後的資金運用效果與

註 1：摘錄《二十五史故事》，大陸華文出版社，翟文明編著。

清償能力，並從其衍生財務安全性的程度高低。從各種角度來看，負債是企業不可或缺也是無法避免的資金來源。廣義來看，長短期融資可稱為企業的第二個股本，它可能是企業的天使也可能變成催命的魔鬼，此端視經營者的操作心態。一般而言，負債的屬性特質與管理原則有以下幾點：

1. 流動負債供應企業短期營運資金之需，長期負債則是支應長期投資與固定資產之需。
2. 資本與技術密集的高效產業需要高額的長期金融負債支應。
3. 舉債經營具有槓桿效果，但前題是要保持經常性獲利與營業現金流入。
4. 具備預收客戶資金而後提供服務的公司，正常情況公司財務安全性高。
5. 負債的負面衝擊是在資產無法產生經濟價值時最為明顯。
6. 公司被債所困時，容易發生管理者的背信行為。
7. 負債在通貨緊縮期的壓力相對高於通貨膨脹期間。
8. 金融業的負債存量絕對高於製造業，信用風險之控管最為重要（註：本文討論以生產事業為主）。

舉債經營要有本事

眾所周知，零負債（廣義解釋為沒有融資借款）的經營模式是最安全的，因為不會被債所苦受債牽連。準此，是否意謂舉債經營有欠允當，其實不然，我們必須有個正確觀念，即舉債經營並不是壞事，槓桿操作也有它積極正面的價值，象徵著經營者有企圖想把事業做大做強並獲取更滿意的股東報酬。任何一家上市櫃公司掛牌之後很難不與金融負債結緣，有些資本密集的大型公司更要銀行的高度支持，例如台灣的高鐵、航運與航空、石油化工、DRAM、與LCD面板等產業的上市櫃公司，即使如績效卓著的台塑集團都還相當依賴銀行的融資借貸。我們再擴大解釋融資信貸的經典範例，美國是世界上舉債經營最成功的國家，儘管它有累積多年債台高築的雙赤字，也被股神巴菲特戲稱是破產的國家，但美國還是生龍活虎，發生金融風暴全球一樣要共同買單，為何它有本事能夠發債印鈔票流通全世界？簡而言之，美國政府擁有GDP近14兆美元的全球最大產值，配合它的高新科技與強大軍事力量，所以有本事舉債經營而且截至目前沒有其他國家可替代。

因此，能夠舉債經營成功的國家或公司，代表著他們擁有以下舉債成功的因子：

1. 國家擁有龐大的國民生產毛額（GNP）或國內生產毛額（GDP），且科技力量強大精進。
2. 公司營業額具產業龍頭地位或擁有創新技術與卓越績效。
3. 領導人與管理團隊精誠合作，且目光遠大誠信經營。

負債比率高不一定風險高

2008年以來，許多掛牌公司出現財務危機，如遠東航空（5605）、仕欽（6232）、歌林（1606）、精碟（2396）、茂德（5387）、及力晶（5346）等，遭致變更交易或停牌下市命運，分析發生的過程，為債所逼喪失償債能力最具關鍵。由於負債資本與權益資本最大的差異即是債務有到期壓力，如果償債能力出現狀況，財務危機就隱然成形。通常企業由財務安全到財務危機並非短期可竟成，危機的成形常常由獲利性衰退導致流動性不足，或是負債管理能力不足而出現流動性陷阱。在判別危機與正常公司時，我們經常會拿公司負債比率（股東權益 / 總資產）高低為重要指標（註：以製造服務業為例），以為指標高財務風險就高，其實並非如此，財務的安全性必須與獲利指標及現金流量指標會診方能正確判別。既然如此，負債比率應該維持多少才適中呢？依筆者實務觀察評估並無客觀標準，不過當公司營運經常出現下列三種狀況時，即應特別注意負債比率偏高的風險：

1. 營業淨現金流量經常小於損益表上的營業損益。
2. 營業現金流量經常性的無法支應到期債務和其利息費用，必須仰賴投資活動與融資活動的現金流入。
3. 負債比率逐漸上升且高於上市公司同業或整體之平均水平。

當發生前述三種狀況，即使公司仍有獲利都應審慎看待，因為流動性的壓力絕對不是獲利性因素可以馬上解決的。嚴謹的看，負債比率愈高（如高於 50%）並不表示發生財務危機的概率就高，如同流動比率大於 1 或更高並不代表財務完全無恙（註：還需看產業性質而定，如餐飲流通業在同比值下較電子下游業安全）。能夠讓負債比率高逾 50%，但沒有財務危機的關鍵因素，除了金融業屬行業極端例子外，一般行業的公司主要是具備下列有利因素：

1. 位居產業龍頭地位的優勢。
2. 營運面有業務規模效應。
3. 持續擁有優良績效與現金流量。

因為有這三項基本面優勢，這些公司存在良好的議價能力及信用基礎，所以可以從應付款項中取得優厚的融資期間以舒緩應收款項的放帳信用；或是能夠取得有利的長短期金融借款，以及每年產生循環有序的營業現金流入。

檢視負債安全性高低

金融長短期負債宛如人體血壓，兩者存在一定程度關係。根據醫學研究，血壓定期性的偏高主要源自工作壓力大與不良飲食作息，尤其是工作壓力產生的焦慮不安和情緒不穩。由此推導至金融負債的負面壓力，當企業經常性的獲利能力嚴重衰退致衝擊財務安全性，且營業現金流量無法正常供給週轉之需時，金融負債的壓力即會顯現。我們可以將短期的金融負債視為舒張壓（即量血壓時較低的數字，代表心臟不收縮時所得的壓力），長期金融負債當做收縮壓（指心臟收縮時將血液打到血管所得的壓力），通常舒張壓的偏高較收縮壓來的風險大。這就好像短期金融負債有壓迫性的到期還款壓力，尤其是資本市場募集的應付公司債與可轉債，如果沒有及早因應，很可能對財務安全構成威脅，並產生股價崩盤的失序效應。因此，如何檢視企業長短期金融負債的風險高低，筆者將此評估由輕而重分成下列三個等級：

第 1 級：長期資金（指長期負債與股東權益）無法充分支應長期投資與固定資產淨額，且獲利平平或貧貧。這種情況表示公司出現以短支長的不良調度，營運資金將受到侵蝕，償債能力慢慢轉弱，有潛藏的財務風險。

第 2 級：第 1 級狀況加上公司經常性發生營業現金流量不足支應融資本金與利息。這種情況表示公司的各項資產經濟效益已明顯失調，管理效能亦不佳，此時財務風險已逐漸增溫。

第 3 級：第 2 級狀況加上長短期金融負債合計數佔總資產超逾 40% 以上，且短期金融債大於長期金融債，再加上公司各年度連續出現嚴重虧損。此狀況只能靠出售有值資產應急，或想盡辦法舉新還舊或私募增資，或向有關單位進行紓困延緩債務償還，此時財務風險已完全曝露。

學習心得

1. 舉債經營的金科玉律是，融資的每一分錢就是一分責任與承諾，必須有能力回報，否則就該量力而為。
2. 負債比率高不一定風險高，必須審視負債內容與績效後才能定論。
3. 存在三槓經營（含財務、營運、與股權槓桿）過重的公司，其風險值高，必須嚴謹注意業績表現。
4. 當舉債額度充分擴大時，反而是經營者的有利籌碼。

案例分析（一）：美中台三地績優公司與台塑集團舉債經營成果

如表 8-1，觀察美中台三地具代表性的三家上市公司，即美國 IBM 公司、中國石油化工、及台灣鴻海精密公司。它們在 2008 與 2007 年都有相對高的負債比率（註：以前年度也是如此），尤其 IBM 公司，不過它們都具備超大的營業收入、淨利潤、

表 8-1　美中台三家大型績優股 2008 年財務資料比較表 單位：億元

代碼	公司名稱	營業收入		合併總損益		經營活動淨現金流入		負債比率（%）		實收股本	
	年度	2008	2007	2008	2007	2008	2007	2008	2007	2008	2007
600028	中國石油化工（人民幣）	14,521	12,048	261	587	749	1,242	**53.3**	**54.3**	867	867
2317	台灣鴻海電子（新台幣）	19,505	17,027	567	847	634	1,055	**55.1**	**55.8**	741	629
IBM	美國 IBM（美金）	1,036	988	123	104	188	161	**87.7**	**76.4**	391	352

資料來源：台灣證交所網站、上海證交所網站、Yahoo Finance 網站。

及營運現金流量，完全透露舉債經營成功的特色，換言之，有出色的營業利潤與現金流入，融資負債反而有增加每股盈餘及股東權益報酬率（ROE）的槓桿效果。

再看表 8-2，台塑集團向來都是以舉債經營成功的典範，由其旗下五家上市公司 2008 與 2007 年的財報數據比較確實如此。2008 年長短期融資負債合計高達新台幣 5,223 億元，遠超過五家公司合計股本額 3,280 億元，可說是標準的舉債經營集團。從其近兩年獲利與利息費用比較，除了南科（2408）其餘各家皆具槓桿效果，即使在金融危機動盪的 2008 年，五家合計淨利 137 億元仍足以支付 134 億元的利息，顯然舉債經營甚為成功。多年來台塑集團都能善用融資信用創造財報優良績效，其效果和報酬也勇冠所有上市櫃公司，此說明台塑集團已將負債視為第二資本，同時累積豐厚的信用基礎讓銀行樂於長期支持。

表 8-2　台塑集團主要上市公司 07-08 年融資與業績比較表

單位：新台幣億元

公司 / 項目	短期金融負債		長期負債		利息費用		稅後淨利		實收股本	
	2008	2007	2008	2007	2008	2007	2008	2007	2008	2007
台塑 1301	181	213	514	411	13	14	197	478	572	572
南亞 1303	232	216	725	565	27	24	94	590	762	762
台化 1326	251	163	517	477	24	16	61	477	552	552
南科 2408	118	137	602	350	13	9	-367	-125	469	469
台塑化 6505	687	417	1,395	1,317	57	45	152	696	925	925
合計	**1,470**	**1,146**	**3,753**	**3,120**	**134**	**108**	**137**	**2,116**	**3,280**	**3,280**

資料來源：公開資訊觀測站。

註：短期金融負債包括短期借款、應付商業票券、與一年到期長期借款（含一年到期公司債）。

案例分析（二）：東雲公司（1462）融資過度回收慢致發生危機

東雲公司成立於 1972 年，從化纖紡織起家，在本業成熟利潤變薄後，領導人積極轉型轉投資多角化，包括營建、觀光飯店、電信和休閒產業為大宗，在台灣經濟成長帶動下曾經燦爛風光多時。從正面看領導人展現旺盛企圖心是企業成長壯大的必要條件，不過若企圖心沒有瞻前顧後與深謀遠慮，則容易英雄氣短兵敗山倒。分析東雲的衰敗，過度舉債經營介入房地產造成流動性停滯是極為重要的因素，東雲的領導人在 2000 年政黨易主後棄債流亡海外，這與 2007 年初力霸集團領導人如出一轍，都是違背誠信經營的不良案例。創業為艱，守成更不易，東雲公司的落難有其人物、產物和財務的不良交織結合。

東雲公司在 2001 年 5 月 24 日被打入變更交易成為危機公司，並在 2005 年 7 月下市轉上櫃管理股票。觀察表 8-3，該公司在發生財務危機的前三年財報數字，可以發現下列三點舉債經營失敗的財務因素。

1. 短期金融負債大幅超逾長期負債，且長短期借款佔總資產比率一直維持在 45% 左右的高水準，而流動性不佳的存貨（土地建物）金額也一直高逾短債，造成極為弱勢的償債能力。即使在這三年處分轉投資優良標的如東榮電信、東方高爾夫球場與晶華酒店，回收現金約新台幣 121 億元，惟整體融資下降幅度仍然有限，反而金雞都出售後，留下大宗不動產仍不易解決，在不景氣下償債壓力更重。
2. 連續三年本業利益無法支付各年利息，舉債經營沒有槓桿效果反而產生極為嚴重的還本壓力。如表 8-3，1998-2000 年的營業利益有兩年虧損且三年的利息支出分別為 13.9 億、18.7 億、與 18.2 億元，可以說公司上下的努力都是在為銀行打工，這種狀況恰如前文所述屬於財務風險潛在發生的第二級。
3. 東雲的本業營收在這三年平均仍維持在 140 億左右的水平，並無大幅衰退但獲利貧乏對資金流量沒有貢獻。而企業價值指標的股價淨值（P/B）比率一直都在低水平，也暗示公司資產負債有潛在的經營風險。

表 8-3　東雲公司財務危機發生前的財報重要數據分析表

單位：新台幣億元

會計項目 / 年度	2000	1999	1998
存貨 (%)	202 (39.1) 註	236 (39.0) 註	255 (39.9) 註
長期股權投資 (%)	100 (19.3)	130 (21.4)	162 (25.3)
短期金融負債 (%)	**131 (25.3)**	**167 (27.6)**	**235 (36.8)**
長期負債 (%)	**101 (19.5)**	**112 (18.5)**	**69 (10.8)**
總資產 (%)	517 (100.0)	605 (100.0)	638 (100.0)
負債比率 (%)	56.5	59.3	62.4
速動比率 (%)	9.60	14.64	6.30
營業利益	-3.0	2.9	-5.1
利息支出	**18.2**	**18.7**	**13.9**
稅後淨利	**-16.7**	**7.3**	**-17.4**
每股淨值 (元)	10.13	11.07	10.79
股價淨值比 (P/B)	0.08	0.49	0.57

資料來源：台灣經濟新報 (TEJ) 資料庫。
註：各資產負債項目括弧數字為佔總資產比率。

案例分析（三）：危機公司償債能力薄弱致破壞公司價值

如表 8-4，筆者 2006 年針對台灣上市公司有關危機與健全公司在財務指標的實證研究，發現在危機發生的前三個年度（註：危機認定以打入變更交易為基準），危機公司的平均負債比率皆高逾 50%，且不斷的往上攀升至危機發生前一年 65.16% 的高水準。再看危機公司的平均流動性指標與獲利能力，皆較健全公司各項指標為低，此可瞭解危機公司因連年虧損致承受相當重的償債壓力，舉債經營不力加上有些經營者出現道德風險，因而難逃財務危機的打擊。

表 8-4 危機公司（54 家）與健全公司（108 家）安全性指標比較表

單位：百萬元

比率 \ 時間	公司類型	前一年	前兩年	前三年
平均負債比率（%）	危機公司	65.16	57.70	52.62
	健全公司	40.38	39.18	37.90
平均流動比率（%）	危機公司	99.19	138.92	143.90
	健全公司	214.64	213.39	209.92
平均速動比率（%）	危機公司	45.87	67.69	67.58
	健全公司	119.90	127.94	124.28
平均稅後純益 (損)	危機公司	-1,529	-903	-518
	健全公司	217	307	509
平均總市值	危機公司	1,809	3,016	5,006
	健全公司	7,808	10,044	12,096

資料來源：張漢傑著作《破解財務危機》P96. P97. P139.

通常，弱勢財務指標都會嚴重打擊公司價值，比較危機與健全公司的平均總市值表現，很明顯危機公司的趨勢下跌幅度遠大於健全公司（註：統計期間正值 2000 年以來股市趨勢走跌），到危機發生的前一年落差更大。此等 54 家危機公司在危機發生的前三年合計市值還有新台幣 2,703 億元，但是至 2005 年底幾乎完全滅損，可見因舉債過度經營不善造成公司價值的減損是何等驚人。

案例分析（四）：亞歷山大健身事業擴張無度危機上身

十五年的企業生命（亞歷山大 1992 年成立），二十六年的青春歲月（唐雅君 22 歲即創業），2007 年 12 月中旬亞歷山大無預警停業，完全沒有任何徵兆，長期累積的企業品牌和個人信用一夕間崩盤，真的很可惜也很可悲。

亞歷山大因沒有上市上櫃，相關財務資訊不透明，無從分析其財務情況，不過從財報的基本元素人物、產物、和財務，應可略窺一二，，其中人物和產物的變數會深深影響財務的結構。亞歷山大一直由唐雅君和其家人主導管理，會員估約數十萬人，單是每年刷卡消費的金額報載說就有九億元，這數十萬人可以說就是亞歷山大的小股東，但小股東的權益卻完全受一人或家族掌控，不僅財務不透明，更談不上公司的監理機制。這是消費者接受並相信經營者累積數十年信用的懲罰，真的是無語問蒼天。經營之神前台塑王永慶董事長曾說，一個人只要做錯一件事，就能毀掉半生累積的信用。亞歷山大經營者曾經跌倒失敗又站起來，應該甚為了解誠信的可貴，只不過人在江湖衝鋒陷陣享受了太多太久的喝采，忘了做人的道理，當然也忘了做事的真理。

亞歷山大的財務危機是屬於流動性停滯型，亦即經營者企圖心太強，為強力執行其美麗夢想，因而用力過猛，疏忽後勤財務補給及有多少財力做多少事。這類財務危機並不是企業沒有前景，而是因昧於財務管理，擴張過速致發生流動性陷阱。嚴格的說，亞歷山大的行業性質遠較一般上市上櫃公司有利基，它具有先收款再提供服務的財務優勢，這較一般電子業有龐大應收款和庫存有利多了。按理做好財務規劃和穩健行遠，以及引進外部股東做好公司基本的治理，應該會有很好的遠景。但人性總是存在獨佔的控制慾望，當財務脆弱的表皮被搓破後，兵敗如山倒，就如同眾多上市危機公司的縮影。

亞歷山大要再站起來恢復品牌優勢已不容易，浪淘盡千古風雲人物，何況是經營不善的人物。從這事件來看，經營者也真的要注意公司的財務安全，否則一失足就難再起身。

後記：2009年9月初，台北地方法院審理亞歷山大健身中心詐欺消費者3億元案，法官認定，亞歷山大集團前負責人唐雅君、唐心如姐妹隱瞞公司財務狀況不佳，繼續招收會員，已經涉及詐欺罪，判唐雅君2年徒刑，緩刑5年，並繳付600萬元緩刑處分金給國庫；唐心如則判1年10個月，緩刑4年，繳處分金300萬。

案例分析（五）：台灣高鐵（2633）的財報困境

凡是搭過高鐵的人都會感覺它的舒適與便捷，兩點一線南北往返不到兩個小時，真的讓時間與空間縮短了，如果想休息打睏，一不小心就會成高鐵遊客。高鐵象徵著台灣與時俱進的繁榮和進步，如同遠傳電訊的廣告，台灣高鐵也可以說：乘載高鐵，沒有距離。

不過，在光鮮亮麗的背後，高鐵的營運卻是如履薄冰，債台高築，頗為艱困。誠如2009年6月3日台灣高鐵董事長殷琪在股東會中坦承，高鐵2007年元月開始營運連續兩年大虧合計新台幣544億元，主要原因：一是運量不足，二是過重利息，三是龐大的折舊攤提費用。在審視高鐵財報後，確實該公司財報內容值得我們注意，也是很好的財報討論題材。

以下是筆者整理的財務結構與業績概況分析（如表8-5及表8-5-1），從中可以發現許多財報弱勢，這些疲態將嚴重打擊高鐵的生機：

1. **獲利性堪慮**：雖然運行班次已從開業的 38 班次增加到 09 年上半年的 130-142 班次，但兩年的營收皆因折舊與利息過重而出現毛損。可以預期，高鐵營運效應已充分排擠空運與陸運的空間，且高鐵屬內需型行業，受制台灣幅員不大、人口有限、產業外移、及景氣不振，未來主營業務要大幅成長至 300 億元，以避免毛損，實有困難。
2. **流動性不足**：從 08 與 07 年的流動比率（流動資產 / 流動負債）44% 與 20%，明顯發現高鐵存在著流動性陷阱，這個壓力不是來自營運負債（應付帳項），而是在借款融資的償債能力。例如近兩年的短期融資餘額（包括短借與一年內償還長期融資）分別有 170 億元與 146 億元，此外值得注意的是，明年開始更嚴重的長期融資還本壓力將陸續出現，08 年底高鐵的長期借款高達 3,422 億元，舉新還舊的財務調度能力正要考驗高鐵主管。
3. **安全性衝擊**：高鐵長期資金過度依賴長期融資，導致其負債比率宛如危機公司般，再看它 08 年的普通股每股淨值已為負值（排除可轉換特別股 463 億元），顯然的，高鐵的體質相當脆弱，財務的日薄西山很難與它疾如風的高速特質相對稱。

按目前高鐵的營運與財務推估，它的未來肯定不好，很難想像有台灣之光特色的高鐵會在營運開頭就困獸猶鬥。即使如台灣四家衰弱的 DRAM 公司都曾享受高報酬的光輝日子，同屬高度資本密集的高鐵卻是一開張就要被債所逼，面臨危機。目前可以解決高鐵財務困境的方案有下列方式：一是普通股或特別股的持

表 8-5 台灣高鐵 (2633) 財務結構簡表 單位：新台幣億元，%

項目	2008 年		2007 年		項目	2008 年		2007 年	
流動資產	118	3 %	62	1 %	流動負債	268	6 %	314	7 %
固定資產	4,114	97	4,268	97	長期負債	3,678	87	3,535	81
其他資產	18	-	68	2	股東權益	296	7	544	12
總資產	4,250	100	4,398	100	負債及股東權益	4,250	100	4,398	100

資料來源：公開資訊觀測站公司年報。
註：截止 2008 年，普通股 589 億元，可轉換特別股 463 億元，累積虧損 675 億元。

表 8-5-1 台灣高鐵 (2633) 損益簡表 單位：新台幣億元

項目	2008	2007
營業收入	230	135
營業毛利	-47	-132
淨損	250	294
折舊費用	190	188
利息費用	174	144
每股盈餘 (元)	-4.58	-6.10
普通股每股淨值 (元)	-2.84(註)	1.06

資料來源：公開資訊觀測站公司年報。
註：僅以普通股衡量，即股東權益 296 億元扣除特別股 463 億元後已是 -167 億元。

續增資（原股東或其他民營公司有困難）；二是舉新債還舊債（資金額度有限）；三是借款銀行以債做股（有困難）；四是政府收歸國有經營（可行性高）；五是外資收購再募資經營（有困難）。這五種方案當然是第四種政府出面最妥當，因為高鐵普通股股東有政府的國發基金（持股 2.85%），其他如中鋼和台糖都還屬官股控制，不過能否順遂還須多方角力協調。

台灣高鐵目前尚屬興櫃股票，未來要上市（櫃）將是困難重重，其興櫃股價長期在 5 元以下，可見財務安全與獲利績效確實是公司價值的保證書。在這還是深切期待政府能夠讓台灣高鐵的財務正常運轉，如同高鐵的鐵軌般，不偏不倚，穩當適中。如此，才是全民之福。

後記：2009 年 9 月 22 台灣高鐵召開董事會，董事長殷琪請辭董事長一職，執行長歐晉德升任董事長，並決議 11 月 10 日召開臨時股東會改選董監事。由於公股直接與間接持股比率已達 37.4%，未來台灣高鐵改由政府主導應該很明顯。

第九章

企業雙槓效應的強與弱

上市(櫃)公司離不開槓桿操作

兩兆雙星產業曾經是2000年新政府的經營口號，雙D產業（DRAM & TFT-LCD）恭逢其盛，無不舉債經營大力擴產，時至2008年上市（櫃）雙D公司卻是背著多債與大虧的重殼，等待景氣復甦。看看2008年第4季台灣兩大面板廠友達（2409）與奇美電（3009）虧損分別高達新台幣265.9億元及314億元，都創下單季虧損最高紀錄；而四大DRAM公司2008年合計虧損高達新台幣1,505億元，且四家公司只有華亞科（3474）還沒進入全額交割股行列。另外，眾所矚目的台灣高鐵（2633）公司，2008年底帳上固定資產淨額4,114億元，長短期融資3,820億元，年度營收230億元，但虧損高達250億元，其中年度利息費用與折舊分別有174億元、190億元，僅從鉅額的利息與折舊即能了解高鐵的槓桿風險確實很大。

由此說明一項事實，即不管公司是大或小，或是上市（櫃）公司與否，一旦公司創始設立直到解散合併或倒閉破產，公司的營運始終就離不開槓桿操作，槓桿效應也會如影隨形一直陪伴著企業。為何會有此說法？主要原因是企業的槓桿操作包括「營運槓桿」（Operating Leverage）與「財務槓桿」（Financial Leverage），這兩大槓桿作用會經年累月跟隨著企業，且不管是績優與績差公司都無法擺脫這兩大槓桿效應的利潤創造與風險糾纏。

固定費用左右槓桿效應

企業的槓桿效應主要與固定費用有直接密切關係，這項固定費用或成本存在於兩方面，其一是因生產製造而發生的產銷成本，由這出現了營運槓桿；其二是因舉債融資而產生的財務費用，從這則出現了財務槓桿。在管理會計學中提到的成本習性，主要包含固定成本與變動成本兩大類，固定成本被解釋為其總額在一定期間及一定業務量範圍內不會隨業務量發生任何變動的成本；變動成本則是隨著業務量增減而呈現正比例變動的成本。任何企業生產銷管的成本費用都可以如前述做適當的分類，例如固定資產的折舊與攤銷、人事薪資、勞健保險費用、及利息費用等皆屬於固定成本，而與生產業務量有關的直接人工、原物料、製造費用、與推銷費用則劃為變動成本。

由此觀之，位居上游的資本與技術密集產業，因固定資產投資比重高，其固定成本即相當大，而下游產業則是變動成本明顯高逾固定成本。如果一家公司屬上游產業且又舉債經營，可想而知，它的槓桿程度就包含著營運與財務槓桿，如果沒有出色的經營績效，此「雙槓經營」面臨的損益波動與風險係數絕對很高，這對管理者和股東的確是憂多於喜。

槓桿係數愈大風險愈高

在上市櫃公司年報的財務指標中都會揭露企業的槓桿係數，包括營運槓桿與財務槓桿兩項指標。由於這些數據並不似獲利能力或償債能力指標那樣簡單明白，尤其如營運槓桿尚須釐清固定與變動成本，因此並沒有那麼熱門。不過，對於管理者與投資者而言，這兩項槓桿作用及其效應卻是必修之課，主要理由是它們蘊藏著企業經營的攻防之道，試想如果華爾街的管理者們在金融風暴發生之前多研習槓桿效應，現在去槓桿化的活動就不會這樣積極。

營運槓桿係數（Degree of Operating Leverage）與財務槓桿係數（Degree of Financial Leverage）按台灣上市櫃公司年報的慣用公式為：

- 營運槓桿（DOL）= 營業收入（S）— 變動成本與費用（VC）/ 營業利益（OI）
- 財務槓桿（DFL）= 營業利益（OI）/ 營業利益—利息費用（I）

不過，一般財務教科書則是以息前稅前利潤（EBIT）觀念代替營業利益，為計算方便，我們還是引用營業利益。如前述公式，S － VC 即為邊際貢獻額（Margins），此邊際貢獻（M）再減去固定成本（FC）就是息前稅前利潤（EBIT），其公式如下：EBIT= S － VC － FC，所以，營運槓桿也可簡化為 S － VC/EBIT=M/ EBIT；而財務槓桿則是 EBIT/（EBIT － I）。

邊際貢獻高低影響營運槓桿強弱

營運槓桿強調在營收增減變動時，對息前稅前利潤或營業利益增減的變動影響，簡言之，即是因銷售量增（減）使單位固定成本出現減（增），導致 EBIT 或是營業利益的變動率大於產銷量的變動率。因此，假設在固定成本不變情況下，營業收入越大，邊際貢獻值越大，營運槓桿係數會越小，企業的經營風險也就越小；反之，營收越小，邊際貢獻值越小，槓桿係數就越大，經營風險就越大。例如，有些上市（櫃）公司因需求降低致產量減少，原來 100% 產能利用率下滑至 50%，變動成本會跟著減少，但固定成本不會因產量下降，所以單位固定成本必須分攤更多成本而提高，進而提高總單位成本，使得 EBIT 的減幅大於產銷量的減幅，同時槓桿係數也將升高。換句話說，由於營運槓桿的作用，當銷售量或銷售額下降時，EBIT 或營業利益下降的幅度更大，使得企業的經營風險增加（請詳表 9-1 說明）。

表 9-1　營業收入變動對營運槓桿係數分析表　　單位：新台幣元

	原營業收入	增加後營收 / 變動率 %	減少後營收 / 變動率 %
營業收入	100	150 / +50%	60 / -40%
變動成本	30	45	18
邊際貢獻	70	105 /+50%	42 /-40%
固定成本 (註 3)	35	35	35
息前稅前利潤	**35**	**70 /+100%**	**7 /-80%**
槓桿係數	**2**	**1.5 （註 1)**	**6 （註 2)**

註 1：營收增加風險值變小。
註 2：營收減少風險值變大。
註 3：假設固定成本不變。

由營運槓桿觀念可以發現，為何在景氣寒冬路邊攤、行動攤販、與商街辦公室退租會增加，都是為了節省固定成本，讓邊際貢獻（M）直接成為 EBIT。而無法完全減除固定成本的製造業者，則實施減產、減薪與裁員等精實計畫，以能減少變動成本而拉高 M 值，也能對 EBIT 或營業利益有所貢獻。

另外，從營運槓桿的 M 值還可檢視企業競爭能力強弱，此在固定成本密集的上游產業或下游連鎖流通業尤為明顯，當面臨不景氣的割喉戰時，誰家邊際貢獻比較大，其存活能力就相對強韌。如果競爭廠商間的 M 值持續為負數，即所謂單位售價已低於單位變動成本，此時企業存在的價值已喪失，很可能有些公司因不堪虧損出現財務危機，或同業間協調進行減產，或進行收購合併計畫，甚或宣告破產。因此，只要 M 值還正數即可收回部份固定成本，廠商還是會苦撐待變，此時企業較勁的已不完全在營運槓桿度的高低，而是比企業財務狀況和控制股東實力的強弱，相對的財務槓桿之重要性即會產生。

財務危機源自財務槓桿過重

財務槓桿度主要與融資借款發生的利息費用和優先股股利有關，由於公司存在著這些固定費用，造成每股盈餘的變動幅度會大於 EBIT 或營業利益的變動幅度。換言之，當 EBIT 增加時，每單位利潤負擔的固定財務費用即會相對降低，如此將提供普通股股東更多的利潤，槓桿的正面效果也甚為明顯。不過，當 EBIT 下跌時，稅後利潤往往下跌更快，槓桿的負面效應則讓企業遭受財務風險。**一般而言，衡量企業是否具有財務槓桿效益，只要將每期 EBIT 或營業利益扣除利息費用後為正數，即可簡單驗證。**企業若能經常出現財務槓桿效益，代表經營能力卓越，其帶給股東的報酬率會更高。不過，財務槓桿過高也暗示著企業的金融負債很重，若產業波動性大或財管能力失策，一旦獲利能力下滑就會陷入以債養債及背債還債的困境。通常出現財務危機的公司，其財務槓桿度都會伴隨營運槓桿度出現偏高風險值而升溫，換言之，危機公司的形成經常是先營運槓桿度過高，而後才是財務槓桿度失衡致引發償債危機。

依筆者研究台灣過往上市櫃公司案例分析，出現財務風險的主要因素有（1）本業獲利能力衰退；（2）過度轉投資非核心事業；（3）舉債經營過度且長短期融資配置不當；（4）經營者存心不良做假掏空。由此觀之，企業舉債經營真的要很謹慎，而且真的要有本事，才能產生槓桿效益。

學習心得

1. 營運槓桿與財務槓桿的強弱效應係因固定成本或費用的大小而定。
2. 當產品單位售價持續低於單位變動成本出現毛損時，很可能發生財務危機。
3. 大額舉債經營的上游資本密集行業，若績效不彰，將面臨雙槓之苦。

案例分析（一）：不同產業位置與行業別的槓桿度分析

如表 9-2，營運槓桿與財務槓桿在產業不同位置及不同行業，其出現的槓桿度確實有別。我們以 2007 年景氣高峰時上市公司績優公司為例，並假設它們績優本質不變，那麼可以發現以下它們的雙槓特質：

1. 台積電是台灣上市公司中位居上游資本和技術密集型的典型代表之一，它 07 年雙槓值分別是 2.23 與 1.01，遠低於競爭公司聯電的 11.22 與 1.02（如表 9-3），代表台積電的經營風險值較聯電低，此外觀察其他年度也是如此，顯然台積電價值較高是名符其實。
2. 一般而言，上游公司的固定成本絕對較下游高出許多，相對的其 DOL 也會提高，如同台積電與鴻海的營運槓桿較其他三家高，不過這是產業特質，並不能以此數據解讀績效差異。通常績優公司的雙槓特色是，與同業跨年度比較後維持相對低水平數字，這五家公司皆有此優點。

3. 同屬中游位置的鴻海與聯發科，由固定資產高低與固定成本結構差異即能解釋產品別的懸殊不同。此表達在其他因素不變下，IC 設計公司的經營風險值較製造業低，也說明固定成本低的行業其營運包袱較輕。
4. 觀察這五家績優公司的財務槓桿度都相當安全，這項財務優勢提供普通股股東更多的報酬與保障，當景氣不佳時它們也是長線投資者的避風港。

表 9-2　2007 年上市各產業績優公司槓桿係數比較表

單位：新台幣百萬

公司 / 項目	台積電 2330	鴻海 2317	聯發科 2454	廣達 2382	統一超 2912
產業位置	上游製造	中游製造	中游 IC 設計	下游製造	下游通路商
營業收入	322,630	1,702,663	80,671	777,436	141,981
營業利益	111,722	93,464	31,889	19,752	5,051
淨利	109,177	77,689	33,592	18,446	3,622
EPS (元)	4.14	12.26	34.01	5.33	3.96
固定資產	260,252	202,568	5,921	35,735	14,685
營運槓桿值	**2.23**	**4.62**	**1.71**	**1.10**	**1.86**
財務槓桿值	**1.01**	**1.09**	**1.00**	**1.05**	**1.02**

資料來源：證交所公開資訊觀測站各公司年報。
註：財務數字皆為合併報表數據。

表 9-3　台積電與聯電 2006-2008 槓桿係數比較表

	台積電 (2330)			聯電 (2303)		
	2008	2007	2006	2008	2007	2006
營運槓桿值	2.50	2.23	2.04	28.62	11.22	12.58
財務槓桿值	1.00	1.01	1.01	1.03	1.02	1.11

資料來源：證交所公開資訊觀測站各公司年報。

案例分析（二）：台灣 DRAM 公司深受雙槓之苦

在所有上市櫃公司中，DRAM 產業的產銷與盈虧波動可以說最為激烈。這項產業不僅要技術創新，更要不斷燒錢投入鉅額資本支出，如果這樣就能穩定賺錢，那一切投入都值得，但事與願違，往往一年的虧損就耗掉了幾年的盈餘，而且還背負了沉重負債。以正常眼光觀之，在台灣眾多上市櫃公司中，DRAM 公司應該是投資報酬率最低的行業。如表 9-4，深入觀察它們的雙槓指標從 2006-2008 年營運高峰到低峰，很明顯可以看到三家公司在艱困環境中的優劣。

如前文所述，營運槓桿係數愈大風險值即愈大。準此原則，我們發現 2006 年雖是近年來 DRAM 公司營收與獲利最豐的一年，但力晶（5346）與茂德（5387）的營運槓桿值（DOL）較華亞科（3474）高，表示力晶與茂德的經營效率沒有華亞科好。另外，這三家公司在 06 年景氣大好時拼命舉債擴充產能，期待能充分發揮營收成長攤薄單位固定成本的槓桿正效應，無奈景氣丕變，營收嚴重下滑反而造成營運槓桿的負作用，導致巨額虧損必須靠減產來降低損失，即減少變動成本以彌補固定成本的必要支出，由此可見營運槓桿的殺傷力。

其實在 07-08 年一片低迷慘賠中，由營業毛利率或毛利貢獻值也可以觀察哪家公司的績效較好，並據此觀察它們的抗凍本事，毫無疑問華亞科的數據較優，例如 07 年它的毛利還為正數，其他兩家已是負值，而 08 年華亞科的毛利率是 -37%，力晶與茂德則是 -64.6%、-61.8%。

此外，營運槓桿控管不當，財務槓桿負效應也將出現，它們是骨肉相連。由於近年大額舉債擴充產能，且 08 年景氣嚴重低迷造成三家公司大虧，連帶影響營業現金流入，致遭遇舉債困難且還債更難的窘境，因而出現茂德與力晶無力償債到期 ECB，而曾被打入全額交割股陣營。顯而易見，若 DRAM 景氣復甦延遲或業界沒有公司光榮犧牲，雙槓負面效應將持續嚴重打擊公司股價及企業的生存能力。

表 9-4　DRAM 公司各年度業績與槓桿係數比較表

單位：新台幣億元

公司 / 年度 / 項目	華亞科 3474			力晶 5346			茂德 5387		
	2008	2007	2006	2008	2007	2006	2008	2007	2006
營業收入	375	458	407	528	775	921	306	476	600
營業毛利	-139	40	164	-341	-58	329	-189	-6	223
營業利益	-180	31	158	-395	-110	278	-239	-62	172
淨利	-217	9	158	-575	-123	273	-361	-73	145
EPS（元）	-6.52	0.28	5.51	-7.42	-1.61	4.48	-5.24	-1.11	2.64
固定資產	1141	1238	1004	1133	1405	1303	1076	1272	868
長短期融資	733	626	358	991	885	579	681	686	329
營運槓桿值	**-0.76**	**7.74**	**1.77**	**-0.55**	**-3.17**	**2.28**	**-0.16**	**-2.18**	**1.97**
財務槓桿值	**0.89**	**2.17**	**1.12**	**0.93**	**0.87**	**1.03**	**0.89**	**0.76**	**1.11**
股票年均價	**17.10**	**36.60**	**34.01**	**8.54**	**18.08**	**21.04**	**5.40**	**11.53**	**12.72**

資料來源：證交所公開資訊觀測站各公司年報、股市總覽。

註：截止 2009 年 8 月 31 日各公司股票收盤價：華亞科 18.50、力晶 3.26、茂德 1.17。

第十章

危機公司的三槓效應

雙槓加上股權槓桿為三槓

在一次上課當中和學員討論到財務指標有關槓桿度的價值與風險評估，曾提問學員：從槓桿度偵測上市（櫃）潛在危機公司，您們會聯想哪些財務指標的運用？有同學提起負債比率太高，筆者說美國 IBM 公司是世界級的大廠，它的負債比率高逾 70%，台灣的世界級公司鴻海（2317）與煉油大廠台塑化（6505）的負債比率也逾 50%，但它們卻活的相當好。後來有同學說還要看獲利能力，筆者疑問的補充說：台灣四家 DRAM 公司，2008 年合計大虧新台幣 1,505 億元，只有華亞科沒有打入全額交割股，但 2008 年也大虧 217 億元，EPS-6.52 元，為何它能置身事外？且股價長年高逾其他三家許多。

接著筆者說：財報分析表中的營運與財務槓桿堪稱雙槓係數，它們的內涵貫穿企業的產業位置、經營績效、及財務結構，並與三大報表及各項財務比率有直接或間接關係。例如，正常情況，台塑化屬高度資本密集公司，它存在的雙槓風險係數本來就相對高，但由於經營能力佳致獲利豐富並產生充裕現金流入，因此出現正向的雙槓效益；又如台積電，因為是零負債經營，所以只存在營運槓桿的單槓風險，由於它的經營績效完全不輸台塑化，因此它的雙槓效益更明顯。後來又問同學說：那 DRAM 公司力晶（5346）的困境是屬於哪種槓桿失靈。同學回答的很自然，就是雙槓不靈。筆者雖然不否定，但回應同學，其實力晶還有一槓失靈，總計有三槓不靈，另外一槓即是「股權槓桿」過重，這時同學們不禁的想要探究何謂危機公司的三槓效應。

控制股東股權稀釋造成股權槓桿

簡而言之，股權槓桿即是上市（櫃）股東以低持股比率取得董事會過半控制權，進而主導企業的經營運作。正常情況，企業在未上市（櫃）前，董監事非常明顯有高持股比率的控制股東，然而在企業掛牌上市後，即會因股價上漲、無償與有償增資、合併收購等而逐漸稀釋原控制股東的股權。如果控制股東持股比率在掛牌多年後已經大幅下降，且股東人數大量增加，即必須藉著業績表現及市場手段來鞏固其在董事會的控制權，那麼股權槓桿的態勢即明顯出現。

這裡所謂控制股東主要是指單一或一群關聯之自然人或法人股東，他或它們合計的股權已經超過發行股數 50% 以上，或是達到某一相對多數的持股比率而能掌控董事會運作。因此，控制股東不盡然需要持有過半股權，透過股東會改選董監事的委託書徵求操作、外部投資法人的支持、及董監人數調整，以低持股率仍能掌握過半董監事席次，進而取得公司經營權的絕對權力。

事實上控制股東就是公司組織的核心股東群，本質上應是代表出資額最多與持股比率最高的投資者（排除專業投資機構），也是承擔責任與分配權益的最大義務人。它們給外部人最直接的印象是公司組織的所有者與經營者，擁有權利也必須負擔經營成敗，而董事會就是控制股東群最鮮明的化身，董事會的絕大部分成員可以說是控制股東的分身，換言之控制股東不一定要成為董監事，但董監事的權利大部分來自控制股東。一般而言，有控制股東的董事會並不會出現黨派路線之爭，董事會的營運策略，不管良好與否，能夠被充分執行；反觀沒有控制股東的董事會，則容易因個別利害關係而相互牽制約束，致影響企業生機。（註：請參酌第 21 章“股權控制行為可以控制公司大局嗎？”）

股權槓桿檢驗公司治理能力

股權槓桿的緣由是控制股東在掛牌之後，長期下來其綜合持股維持多寡的比率，如果控制股東持股比率下降的幅度遠大於同業或市場的平均幅度，其股權槓桿係數就明顯上升。由於控制股東持股比率取得較費力（註：必須從董監持股加上年報上提供的前十名持股比率股東中分析加總），我們可以直接觀察董監持股比率的變化。例如甲乙兩家公司掛牌時原控制股東持股比率皆為 50%，多年以後，兩家公司股本已大幅成長數倍，其中甲公司控制股東持股率下降至 40%，而乙公司卻降至 10%，則乙公司的股權槓桿度 0.8（50-10/50）顯然較甲公司 0.2 為大，顯然乙公司股權槓桿度較甲公司大，其股權控制能力及大股東的決策行為將會有所不同。股權槓桿度大即表示董監持股比率低，甚至可能低至證交法規定下限最低成數 5%，通常這類公司係屬股權充分分散的公司，如果是大型股且董監持股又低，其最典型的特徵就是股東人數特多。例如 2009 年聯電年報揭露的股東人數有 746,095 人，是台灣目前最多的，其董監持股只有 5.98%（09 年 8 月）。

股權槓桿的好處在於控制股東出資比例小卻能掌控公司經營權，亦即利用大部分外部人資金來為經營團隊及股東打造前途，如果公司有錢途，經營團隊透過激勵機制一定能分享重大利益，若經營不善實際上影響他們的出資權益卻有限，假如經營者又將股權大半拿去質押，更像是做無本生意。所以從股權槓桿程度觀察公司價值高低可以體現一家公司治理能力的良窳。

當一家公司的股權結構從原本相對集中到後來充分分散，可想而知這家公司一定經歷過燦爛的光榮階段，亦即該公司的業績與公司價值曾經相得益彰的光彩出色，在此期間企業一定會大幅增資以圖更美未來，大股東也會順勢拋股實現豐富收益，於是公司的股權即愈趨分散。如果控制股東過度戀棧資本市場而疏於本業經營，或醉心其他非本業轉投資，或董監事之間存在風光後的理念之爭，那麼企業的股權結構就會出現質量改變。當股本逐漸膨脹致大幅稀釋原控制股東持股比率時，股權槓桿已然成形，同時公司價值變化也將走向兩極，即強愈強，弱愈弱。強者即是公司治理與股權大眾化的最優實現，弱者則是製造危機企業的大本營。筆者研究台灣過往發生的危機下市公司，發現許多危機企業都是因為股權槓桿太高，公司負責人持股低致沒有切腹之痛與榮辱與共之擔當。

因此，我們可以這樣說，如果一家上市（櫃）公司大額舉債經營中上游資本密集行業，其實它已存在雙槓經營的潛在風險，萬一它又具高股權槓桿度，如此企業即隱含營運、財務、股權等三種槓桿效應。當遭遇景氣低迷出現嚴重虧損時，高股權槓桿很可能拖延董監與經營者的拯救行動，導致股價與業績一起衰敗，此即三槓效應造成危機企業的路徑。

學習心得

1. 營運槓桿大小看折舊，財務槓桿高低看利息，股權槓桿強弱則看控制股東或董監事的持股比率。
2. 股權槓桿度高且股東人數分散者，若能持續創造公司價值則是股權大眾化最優表現。

3. 存在三槓效應且業績不彰的公司，其經營風險較高，不利公司價值表現。

案例分析（一）：聯電（2303）與台積電（2330）股權槓桿與價值表現

如表 10-1 聯電與台積電這兩家晶圓雙雄，經過 12 年後它們的董監持股比率，聯電由 1996 年的 23.02% 降到 2008 年 5.57%，而台積電則由 46.96% 高峰陡降至 7.01%，同時股東人數也分別大幅成長至 754,861 人與 439,090 人，分居上市公司第一與第四名。此外當年共同打拼的董監事群，多年以後已是勞燕分飛，尤其是聯電公司。雖然兩家公司的董監持股與股權分散亦步亦趨很徹底，但是總市值變化出現極大落差，聯電在 2008 年股價還跌破票面額 10 元的歷史紀錄。

同樣都是股權充分分散與控制股東持股比率低，且 1996 年總市值還算相當（聯電 1,361 億元，台積電 1,691 億元），為何 12 年後公司價值會出現如此大幅變化。筆者簡單從財務面的觀察是它們倆在本業的競爭績效出現差異，導致營業現金流入與淨利潤愈拉愈遠（請詳圖 3-2 及 3-3）。通常，大型化且股權槓桿度高的公司，只有透過精益求精的本業績效和務實效率的公司治理，方能經常保持價值極大化。

表 10-1 聯電與台積電 1996 年 & 2008 年股權與公司價值比較表

	聯華電子 (2303)		台積電 (2330)	
	1996	2008	1996	2008
董事長 / 持股比率 %	曹興誠 0.74	洪嘉聰 0.05	張忠謀 0.78	張忠謀 0.45
董監事 / 持股比率	經濟部 5.37	迅捷投資 3.20	荷商飛利浦 23.78	政院開發 6.29
	光華投資 3.35	矽統科技 2.28	政院開發基金 21.89	曾繁城 0.14
	交通銀行 5.22			蔡力行 0.13
	東元電機 4.01			
	迅捷投資 1.69			
	聯友光電 0.64			
大股東 / 持股比率 %	–	–	台灣飛利浦 10.65	–
董監持股比率 %	23.02	5.57	46.96	7.01
實收股本 (億元)	292	1,389	265	2,615
股東人數 (人)	109,043	754,861	13,795	439,090
總市值 (億元) 註	1,361	1,791	1,691	14,475

資料來源：股市總覽、公開資訊觀測站。
註：1996 年與 2008 年總市值係參考本書表 3-2 及 3-3。

案例分析（二）：力晶（5346）與南科（2408）股權控制能力與價值表現

世事多變且不可測，在 2006 年 DRAM 景氣達到最高峰時，誰也無法想到兩年過後，四家台灣 DRAM 公司會出現三家變更交易公司，只留下南科（2408）與美光轉投資的華亞科（3474）還在正常交易中。雖然南科在 2009 年 5 月初被打入全額交割行列，但在 6 月 26 日即完成先減後增的股權手術，以私募方式由台塑集團完全認購 122.2 億元的增資案（每股 12.2 元），復活再生指日可待。相對的，力晶（5346）仍因虧損陷在變更交易類股，兩家處理財務危機的態度迥然不同，重點就在股權槓桿度的大小差異，造成控制股東有強弱之別。

DRAM 公司屬資本與技術密集，產品單價波動相當大，相對的股價高低起伏著實驚人。由於要不斷的投入資金做技術升級創新才能壓低單位成本，並提升競爭力，因此不斷的增資或舉債是必經的過程，如此產生了營運、財務、及股權等三槓效應。

如表 10-2 為何力晶歷年財報盈虧與南科相當，營運與財務槓桿也不相上下，但其股票均價卻較南科遜色，且應付危機能力較弱。分析原因，可從股權槓桿得到答案，其一是南科的董監事歷年持股比率及控制股東角色相對的較力晶高且明顯，表示股權槓桿度低，其經營風險相對低，在業績與股價弱勢時，外部股東對股權結構堅強的公司會較具信心；其二是南科的控制股東是南亞塑膠（1303），其背景是台塑集團，在投資信任感上，長期累積的誠信商譽應該較力晶高。通常，在市場弱勢時，大家都會找安全的避風港，南科因為有富爸爸當靠山，致股權槓桿度較低，所以能從容處理危機，且其公司價值抗跌領漲。

表 10-2　力晶與南科 2006-2008 年財務資訊比較表

單位：新台幣億元，%

	2006		2007		2008	
	力晶	南科	力晶	南科	力晶	南科
營業收入	922	748	775	544	528	363
淨利 (淨利率)	273(29.6)	174(23.2)	-123(-15.9)	-124(-22.9)	-575(-108.8)	-367(-101.1)
EPS (元)	4.48	4.55	-1.6	-2.89	-7.42	-7.86
營業現金流	422	221	336	88	-1	-98
長短期借款	579(26.0)	443 (32.7)	886 (39.5)	487 (35.5)	991 (58.2)	721 (61.9)
實收股本	690.9	394.7	782,.2	469.3	781.3	469.3
每股淨值 (元)	16.61	15.50	13.30	13.91	5.80	6.03
股票均價 (元)	**20.9**	**21.65**	**18.08**	**24.94**	**8.54**	**12.48**
股東人數 (人)	262,582	150,874	324,318	157,604	359,228	202,405
董監持股 (%)	**6.24**	**51.61**	**5.44**	**51.11**	**5.26**	**44.85**

資料來源：公司年報與財報。

註 1：2009 年 8 月 31 日南科收盤價 17.0 元（完成減增資），力晶 3.26 元。

註 2：長短期借款的括弧為佔總資產比例。

第十一章

危機企業復活再生談何容易

華航減資是財務良性改造

2009 年 4 月 3 日華航（2610）發佈重大訊息將大額減資 149 億元，減資比率為 30.66%，即 1000 股要被消除 306.6 股。華航因 2008 年發生嚴重虧損，金額高達 323.51 億元，每股虧損創歷史紀錄達到 7.11 元，每股淨值也降至 6.63 元，為能強化資本結構及引入新資金才進行大幅減資。其實從股票交易方式看，華航若不加速腳步進行減資，很可能今年就會因每股淨值低於 5 元而被打入全額交割陣容，這就難堪了，公司管理當局提早因應該值得鼓勵。如同華航案例，2009 年 5 月被送進變更交易（即全額交割股）的台塑關係企業兩家公司，南科與威盛，也是如法泡製，快速進行減增資的再生計畫。股票被變更交易就如同我們身體有了狀況，必須入院觀察或進行手術，如果不及時處理，很可能一拖再拖真的形成無可救藥的危機公司。

危機公司復活比例很低

企業從無到有，乃至成長茁壯，需要董監大股東及全體員工長期努力方有所成。同樣的，企業由盛而衰也不容易在短期竟成，一樣要具備各種狀況的相互消耗衝撞，並費時累積才會使危機成型。不過，比較企業由危轉安與由安轉危這兩項重大轉折，絕對是由安轉危易，由危轉安難，此正所謂破壞容易建設難。筆者在研究台灣上市危機公司時，將危機公司定義為被打入變更交易者即屬之（註 1），並依其發生性質分為三種型態，這三種危機

註 1：本文認證的上市公司危機模式，以台灣證交所營業細則 49 條規範「變更交易」為主體，筆者將內容整理如下列常見的 8 項條款。

- 淨值已低於實收資本額二分之一者。
- 無正當事由，未於營業年度終結後六個月內召開股東常會完畢者。

表 11-1　三種危機型態的特質分析

型態 / 特質	經營者領導特質	危機主要狀況
獲利性衰退型	平庸無才，轉型無力	營業收入及營業利潤連年衰退萎縮。
流動性停滯型	好大喜功，用力過猛	主營業務收入及利潤尚可，但管理不善擴張太猛，出現流動性陷阱。
安全性破壞型	膽大包天，巧取豪奪	出現猛爆性虧損、假帳舞弊、炒股、挪用及掏空資產等背信情事。

型態的特質比較，請詳表 11-1。

根據筆者統計台灣證券交易所的上市公司資料，篩選 2000-2005 年 54 家危機公司（註 2），從它們變更交易日期開始追蹤至 2008 年底，觀察這些公司復活再生能力如何？亦即它們至 2008 年恢復為正常交易的概況。如表 11-2 與表 11-3 內容，54 家危機公司已有 36 家終止上市，比率高達 67%；轉為正常交易的只有 4 家公司，比率僅 7%；而仍停留在變更交易的有 13 家，比率為 24%。換言之，這段期間只有 4 家敗部復活轉為正常交易，統計危機公司的「復活比例」僅有 7% 而已。由此資訊顯示，一

- 會計師簽證報告出具保留意見之查核。
- 違反上市公司重大訊息相關章則規定，未依限期辦理且案情重大者；或重大訊息說明會未能釐清疑點。
- 董監事累積超過三分之二受停止職權之假處分裁定。
- 無法如期償還到期或債權人要求贖回之普通公司債或可轉換公司債。
- 發生存款不足之金融機構退票情事且經本公司知悉者。
- 依公司法相關規定向法院聲請重整者。

註 2：按筆者論文實證研究台灣 54 家危機公司定義，凡上市公司被打入變更交易類別即歸為危機公司範疇。變更交易的主要條文內容請參考證交所營業細則第 49 條。

表 11-2　54 家危機公司後續掛牌交易方式一覽表

	終止上市	變更交易	管理股票	正常交易	合計
家數	36	13	1	4	54
比率 (%)	67	24	2	7	100

旦企業淪落為危機公司就很難翻身，要轉危為安又談何容易。

危機公司形成的三大元素

與宏觀經濟比較，微觀經濟的公司基本面衰敗原因更值得我們深入研究，因為天氣不好雖然會引發如感冒病症，但治療感冒絕不是因為天氣變好就能康復。概括而言，造成危機公司的基本面因素，可以按企業三大元素「人物」、「產物」、及「財務」分別探究病因，危機總是在積非成是中逐漸堆積蔓延，這三大元素的壞細胞，我們可以歸納說明如後。

一、人物因素

人物因素即指公司董監大股東和經理人的誠信度，是判斷危機公司最重要因素，但也是最難捉摸的部分。任何危機型態的公司都存在著誠信打折的訊號，其中破壞型危機公司的誠信折價遠較衰退型和停滯型嚴重。如果用量化指標衡量，下列三點確實普遍存在。

1. 控制股東與董監事持股比例不斷減持下降。
2. 控制股東持股比率低且長期掌控董事會。
3. 董監事持股長期質押比重高且企業獲利能力低。

表 11-3 54 家危機公司後續掛牌明細分析表

危機公司	變更交易日期	目前情況	危機公司	變更交易日期	目前情況
建台 1107	04.09.06	**管理股票**	博達 2398	04.06.17	04.09.08
津津 1204	05.07.22	05.10.04	永兆 2429	05.11.03	**變更交易**
台鳳 1206	00.05.06	00.08.05	台電路 2435	04.09.06	05.05.03
中日 1212	03.09.28	05.10.28	南方 2445	03.03.26	03.06.18
久津 1221	03.03.12	03.06.18	皇統 2490	04.09.17	04.12.16
源益 1222	00.11.06	03.01.09	訊碟 2491	04.09.08	**變更交易**
合發 1306	05.07.22	05.10.04	突破 2494	04.05.06	08.10.27
華隆 1407	02.05.07	05.01.26	卓越 2496	05.09.07	**變更交易**
中紡 1408	04.05.06	07.12.19	協和 3001	04.03.11	04.11.15
民興 1422	01.11.07	03.05.06	宏達科 3004	04.09.22	**變更交易**
新燕 1431	01.05.08	02.11.08	衛道 3021	04.07.28	**正常交易**
大魯閣 1432	05.04.13	**變更交易**	宏傳 3039	05.01.26	05.11.13
裕豐 1438	01.11.07	**變更交易**	鼎營 3053	03.09.08	08.12.11
新藝 1450	02.05.09	05.07.05	萬國電 3054	05.05.06	**正常交易**
東雲 1462	01.05.24	07.08.02	銳普 6132	05.08.03	05.11.07
楊鐵 1505	00.09.30	01.01.29	寶成 2512	02.06.28	03.11.12
新企 1534	04.09.06	04.12.16	長億 2518	02.07.30	03.04.23
太電 1602	03.05.08	04.04.28	寶祥 2525	02.09.10	05.01.05
凱聚 1805	03.06.20	**變更交易**	皇普 2528	03.05.08	**變更交易**
名佳利 2016	01.03.26	02.04.17	春池 2537	02.05.07	**正常交易**
桂宏 2019	00.09.18	01.01.29	櫻花建 2539	02.05.07	**變更交易**
誠洲 2304	01.08.02	02.11.08	林三號 2540	03.04.24	**變更交易**
佳錄 2318	03.07.07	05.07.05	中信 2902	01.11.07	05.06.13
亞瑟 2326	01.12.25	08.07.31	匯僑 2904	05.05.06	**正常交易**
碧悠 2333	05.11.03	07.06.20	興達 9906	01.11.07	**變更交易**
清三 2335	05. 01.05	06.07.12	優美 9922	01.09.06	**變更交易**
力廣 2348	02.05.07	**變更交易**	欣錩 9936	05.03.04	05.06.20

資料來源：台灣證券交易所、公開資訊觀測站。

註：凱聚（1805）更名為寶徠，訊碟（2491）更名為吉祥全，衛道（3021）更名為衛展，春池（2537）更名為聯上發，林三號（2540）更名為金尚昌。

二、產物因素

產品發展關係著公司未來營運的能見度，一般而言，產物驅動人物與財務的變化相當鮮明，換言之，愈是明星產業或產品，愈多董監人物會去追求其技術發展和提供財務支援，因此其發生財務危機的可能性愈低。通常，危機公司的產物皆有下列特徵。

1. 公司主要產品成熟且無規模效應及議價能力。
2. 產品多角化但關聯性不高且成長性不足。
3. 研發技術能力不足且產品被替代性高。
4. 資本支出停滯不前。

三、財務因素

財務因素係指危機公司財報的透明程度，一旦企業發生財務危機或有危機徵兆，正常情況，財報資訊即會顯現下列主要狀況。

1. 負債比率過重且短期借款遠大於長期借款。
2. 營收與獲利每況愈下且現金流入枯竭。
3. 流動性不足且償債能力日益轉弱。

轉危已屬不易，為安更須努力

具體而言，危機公司轉危為安並不簡單也很艱辛，即使能夠轉危（由變更交易轉為正常交易），也不表示能夠為安（表示營運和獲利上軌道）。例如表 11-3 被打入變更交易的 54 家公司，這幾年當中有多家公司經減資後回歸正常交易群，像大魯閣（1432）、力廣（2348）、吉祥全（更名前為訊碟 2491）、廣業（更名前是突破 2494）等公司，不過春去春又回仍然又走回變更交易群，甚至還下市了（如廣業）。

筆者發現企業要從危機重重中起死回生，真的較創立新事業還艱難，主要原因是公司的包袱太沉重，這些負擔包括負債吃重、資金吃緊、及營運吃力等，此外還有其他問題如帳務不透明、企業文化太落伍、董監大股東不合作、及尚有潛在法律民刑事問題等等。這些棘手狀況，不管是內外部人，都有可能產生心有餘而力不足的窘境，尤其在公司價值已低不可測且宏觀經濟充滿變數下，更可能讓有心人知難而退。筆者一直認為，在財務危機發生之前，若能做好準備並嚴格執行改造，遠勝於危機產生後的匆忙應對，例如大股東先減資再增資的計畫。

危機企業復活再生三大條件

雖然危機公司復活機率很低，而且復活之後的營運狀況也步履蹣跚，此等情況確實可以理解，因為就如人體健康惡化並非短期造成，要重返康健大道也一定需要療傷止痛期間。我們發現，財務危機一旦造成，有些董監大股東選擇逃之夭夭，有些則在困獸猶鬥默默承受，不同的人物挑選不同的路徑，這些造孽業障其實都隱藏在他們內心深處，不是逃離避開或金錢利益就可以替代。市場永遠都是公平的，從中拿了多少超額滿足，就該付出多少超額煎熬。

從危機企業的復活再生過程，筆者認為下列三項條件絕對是充分必要條件，任何危機企業要能轉危又能為安，進而重現生機，起碼要存在這三大條件中的二項優勢，且能按部就班的緊密配合，才能以時間換空間，逐漸安步當車抬頭前進。簡而言之，這三大條件就是「**大股東有心**」、「**主產品有值**」、「**轉投資有料**」。

一、董監大股東的實力與經營團隊的紮實

董監大股東或經營團隊有無實力與決心拯救危機，可以從下列四項行動觀察。

1. 取得債權人信任：控制財務危機的首要步驟，即是取得往來銀行等債權人的支持，債務的延償或減息雖無法保證企業未來可以平安無事，但拉長戰線的止血策略說明董監事仍然有心。
2. 辦理減資回到正常交易：代表董監大股東脫離危機企業的重要宣示。
3. 進行募資充實營運資金：代表有能力讓公司再生，董監大股東的積極做法是自行籌資，消極做法則是讓出經營權，引進外部資金和新任經營者。
4. 經營團隊充分配合重整關係人的再生計畫：這表示經理人等重要幹部與原董監事切割清楚，積極配合新生計畫，公司營運可以正常運作。

二、主營業務有無核心價值

危機公司到底有無翻身希望最重要的還是在產品的展望潛力，亦即主營業務是否有特殊利基或核心技術是轉危為安最具關鍵的要件，也是外部投資人或債權人，甚至新上任董監事最關心的前題。這項條件可說是超越償債能力的法寶，危機企業轉危為安的重大利器。

三、有無豐富財產或轉投資有無重要潛力公司

指公司尚有價值菲薄的土地資產，或轉投資公司中具有高持股且價值高的轉投資公司。如果危機企業擁有這種「母以子為貴」的高效能公司，就有機會脫困乃至重新出發。想當年茂矽（2342）淪為全額交割股時，有大量茂德（5346）持股可以變現救窮救急，但 2009 年茂德形成危機公司後，卻只能孤軍奮戰，轉投資有質標的確實是重要糧草。

學習心得

1. 有心的經營者會儘速處理危機，讓危機轉化生機；而無心的經營者則是隨波逐流，讓生機付諸東流。
2. 危機公司復活再生比率低，期前預防遠勝於期後治療。
3. 大股東有心、主產品有值、及轉投資有料是企業轉危為安的三大元素。

案例分析（一）：東隆五金（8705）經典復活再生案例

東隆五金（8705）公司成立於 1954 年，於 1994 年上市掛牌。它是世界前三大、台灣第一大的製鎖公司。東隆五金算是家族企業，一直以來穩健經營獲利良好。不過在第二代接手後卻逐漸變調，因股市多頭在業外金融操作獲利豐碩，致變本加厲擴張融資額度種下敗因。在 1998 年發生鉅額違約交割後，該公司即兵敗如山倒，經營者出現掏空資產、挪用資金、與造假帳冊等屬於管理性舞弊重大事件接踵而至，讓多年打下的本業基礎面臨存亡之秋。不管從財務與非財務資訊看，東隆在案發前都有徵兆，例如大量投資業外的營建案和炒作股票、短債大幅增加與營運淨

現金流出、大額募集資金亂投資等。

東隆五金在 1998 年爆發重大財務危機後，淨值劇變為 -32.79 億元的破產局面，按理應該與當年數十家危機公司一樣，奄奄一息不易復活才是。為何它能復活再生，到 2005 年淨值達到 14.01 億元，自有資本率達 53.3% 的安康格局，而且在 2006 年底還被上市公司特力（2908）以每股 42.5 元收購，並成為東隆五金的控制股東。

分析起來，東隆反敗為勝的最重要因素，即是擁有上百項專利且厚實專精的製鎖產品（產物），與樸實幹練的經營團隊（人物），其中又以主營業務具有核心價值最為重要。東隆起死回生的過程可以概括說明如下（請詳表 11-4 和表 11-5）：

一、人物因素

1. 往來銀行為主的債權人團結合作，所擬重整計畫完善，取得法院核定。
2. 重整計畫的顧問團（台證和理律）發揮專才，引進新任控制股東香港匯豐集團，與台灣新光和中信集團資金，新任大股東的實力與誠信穩住大局。
3. 聘任前中鋼董事長王鍾渝先生為重整監察人，後為董事，並於 02 年元月獲聘為董事長至今，充分展現安邦治國理念，讓公司改頭換面欣欣向榮。
4. 公司主要經理人充分配合重整再生計畫，上下一心，營運才得以維新。
5. 新任經營者有為有守，恪遵法令，重大訊息發佈及時且真實完整。

二、財務因素

1. 財報充分詳實認列 1998 年的龐大虧損，以增加財報透明度。
2. 先辦理大額減資再隨後進行現金增資，分別在 2000 年和 03 年完成減資又增資計畫，逐步改善財務結構。
3. 兩次現增的募集價格都溢價發行，尤其 2000 年公司處在破產階段，即以每股 17 元為發行價，展現公司本業價值及新任大股東經營意志。
4. 將危機爆發前，借款集中在短期狀況予以大幅改善調整（請詳表 11-4“長短期借款”），同時逐年償還銀行本金息，贏得銀行信任。
5. 處分非本業資產增加現金流入，如 1999 年處分長短期投資現金流入 1.79 億元，00-01 年處分不動產流入 1.91 億元

表 11-4　東隆五金財務危機後各年度財務資訊一覽表　單位：百萬元

項目年度	1997	1998	1999	2000	01	02	03	04	05
營業收入	2240	**2211**	1434	1282	1313	1607	1440	1791	2071
稅後純益	439	**-8588**	-15	732	87	289	263	303	382
營運淨現金流入	-454	**-19**	136	154	307	348	322	207	329
股東權益	5434	**-3279**	-3199	-261	-178	120	863	1119	1401
短期借款	3480	**5150**	6309	1292	730	755	675	566	527
長期負債	980	**500**	-	2905	2570	1807	1096	525	-
現金增資	-	**-**	-	2214	-	-	500	-	-
減資股本	-	**-**	-	2805	-	-	900	-	-

資料來源：證交所公開資訊觀測站。

註：東隆 1998 年發生危機財務數字特翻黑表示。另現金增資係按募集價格計列，減資股本則是按票面 10 元計列。

表 11-5　東隆五金財務危機後復活再生的重大記事表

年月	主要內容
1998.07	爆發經營者重大管理舞弊，掏空資產造成公司當年龐大虧損 85.88 億元。
1999.01	部份債權銀行提出重整案，並於當年 4 月底取得法院核定。
1999.07	證交所終止股票上市買賣，同時櫃檯買賣中心核准為上櫃管理股票。
1999.08	召開重整後關係人會議，決議減資 28.05 億元，並辦理增資 1.3 億股。
2000.02	主管機關核准減資，減資後資本剩下 2 億餘元，並於 3 月完成。
2000.04	主管機關核准普通股現金增資 130,268,320 股，每股溢價 17 元，當年 9 月完成共募資 22.14 億元，並引進控制股東香港匯豐集團，及中租迪和公司。
2000.11	召開重整後臨時股東會，選任董監事。
2000.12	完成重整案，並於次年元月向法院報請重整完成之裁定。
2001.07	收到嘉義地方法院民事裁定重整完成確定證明書。
2001.08	處分台中辦公大樓，交易總金額 1.19 億元。
2002.01	王鍾渝先生由董事轉任董事長。
2003.04	進行第二次減資 9 億元，資本額降至 6.03 億元，7 月取得核准函。
2003.04	發行甲種記名可轉換特別股 100,425 千股，股息 4%，發行價格每股 48 元，於 10 月引進特定人國泰人壽，完成募集資金 5 億元。
2003.12	因財務危機而重整留下巨額累積虧損完全彌補完畢，並有可分配盈餘。
2004.04	財務危機後首次配發股利，無償配股每千股配 100 股。
2004.11	申請解除 2000 年普通股及 03 年特別股現增之股票限制買賣，並取得核准。
2006.03	獲櫃買中心核准由上櫃管理股票恢復為一般類股票交易，復活再生大功告成。
2006.12	上市公司特力 (2908) 以每股 42.5 元收購控制股東匯豐集團 63.1% 股權，共 47,530 千股，東隆五金經營權轉為特力公司控制。

資料來源：整理該公司各年重大訊息和年報資料。

（註：從現金流量表統計）。

6. 運用激勵策略提高生產力，本業營運淨現金流入從 1999 年後，即與稅後純益一起維持長期成長賺錢狀態，證明該公司本業確實具深厚潛力。

從表 11-5 東隆五金的復活大事記，的確復活再生的長路非比尋常，總計花了八年時間才回到從前健康模樣，這中間若沒有各方有力人物的充分信任與配合，以及對核心產品的深度認知，危機之路是很難峰迴路轉。東隆五金敗部復活的案例，不僅說明了股票市場存在許多的善念與惡念，同時也告訴經營者不要輕易陷入危機叢林，因為復活再生機率實在不大，而且著實艱辛。

圖 11-1　東隆五金財務危機後營運績效表現圖

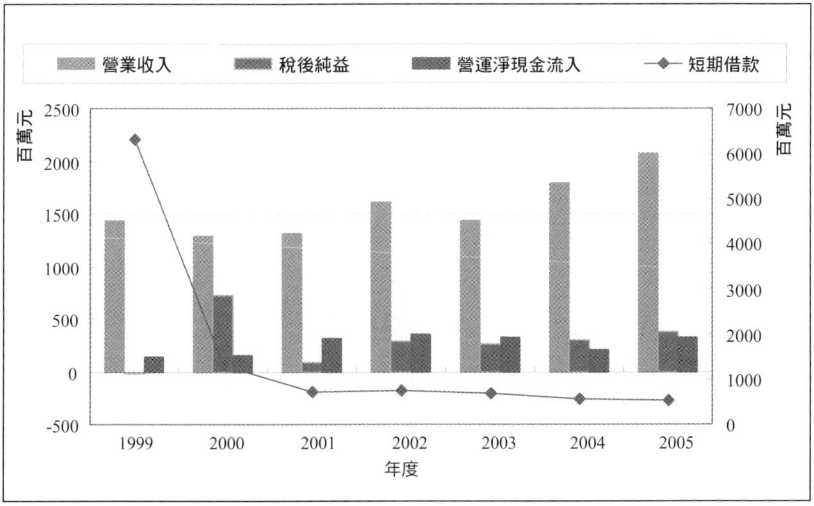

資料來源：整理表 11-4。

註：短期借款為右邊數據。

案例分析（二）：南科（2408）與威盛（2388）的復活計畫迅速敏捷

2009 年 5 月初證交所公佈全額交割公司時，其中最令人驚訝的莫過於台塑集團的兩家關係企業，其一是威盛（2388），其二是南亞科技。這兩家公司皆因今年第一季財報每股淨值已跌破 5 元，依證交所營業細則應打入變更交易。南科的大股東是南亞塑膠，持股比率高達 37.78%，而威盛最大股東（也是董事長）王雪紅是經營之神王永慶先生的女兒，同時她也是高價股宏達電（2498）的董事長。

雖然誠如本章前文所述，往年 54 家變更交易公司轉為正常交易的比率僅 7%，不過筆者認為威盛與南科很可能是敗部復活的公司，主要理由如下：

其一，大股東有心且有財務實力。

從這兩家公司重大訊息可以發現，皆不約而同的進行減資再增資計畫，如南科預計減資 311.7 億元，減資比例 66.43%，減資後實收資本剩下 157.5 億元；威盛也是如此，將減資 60%，共達 7.74 億股，減資後資本剩下 51.6 億元，同時也將在股東常會通過現金增資計畫。以該等兩家背後的集團實力及大股東財務能力，筆者認為今年完成減增資的復活計畫應該不成問題。大股東有心又有財務能力是危機企業復活再造的最重要條件，從這兩家的背景資料確實得到證明。

其二，危機企業的主營業務和轉投資有質有料。

南科本身及它與美國美光集團（MICRON）轉投資的華亞科（3474）的主力產品都是 DRAM，南科 2009 年首季每股淨值會淪為 3.79 元，重要理由係負擔華亞科損失（投資比率 35.37%）所致。DRAM 近年虧很大，主要原因還是環境競爭所然，當競爭者財力不支退出戰局時，有心撐過困境的大股東將是未來的贏家，這點南科很有希望。另外，威盛主力產品邏輯 IC 也是如此，這兩年被轉投資公司拖累，不過未來它研發的電腦晶片若在大陸市場發光發熱，業績也很可能暴衝發威，以該公司當年挑戰英特爾（Intel）的勇氣及其董事長經營宏達電的成績單，著實不無希望。

威盛與南科的全額交割象徵著企業競爭的殘酷，不進則退是企業競爭的法則，以退為進則是企業再造的企圖。從上分析，這兩家公司產品尚屬高新科技，且都務實本業不退縮、高額持股不放棄、快速改造不氣餒，筆者相信它們待在全額交割的時間應該不會太長。

公司價值篇

第十二章

杜邦財務模型的價值分析

淨值報酬率是杜邦模型本尊

有一位在銀行擔任授信的老友問起筆者，在所有財務比率中您對哪個指標最重視，筆者回答說其實財務指標分門別類各有所長，千萬不要鍾愛一個，若按重要排序，個人會先關愛股東權益報酬率【(註：又稱淨值或淨資產報酬率（return of equity；簡稱 ROE)，計算公式：當期淨利 / 股東權益)】。老友回問為何您會如此關注它。筆者答說，其一是 ROE 的高低代表投資者對標的資產的期望報酬，如果報酬率低於預期可能選擇退場；另一方面它也是衡量管理者的績效指標，如果績效不彰管理者很有可能被撤換出局。其二是 ROE 的數字內涵連接資產負債表與損益表，甚至也可以打通現金流量表，它不似許多財務比率只是表達財務結構或獲利能力的概況。老友聽了好像覺得有點道理，筆者則繼續接著說，讓我來深入分析它的邏輯與實用價值給您聽聽。

一般而言，ROE 的強弱會牽引公司價值的變動，報酬率長年（3-5 年）高的公司，不僅代表卓越的經營績效，顯而易見其配股配息能力亦相對豐碩，股東持股意願紮實，反應到公司價值的變化即是水漲船高。而報酬率長年表現不佳的公司，在欠缺股利配發下，股東持股意願一定受到衝擊，管理當局的表現也將每況愈下，導致公司價值江河日下。我們若是觀察上市公司各類龍頭公司的 ROE 與其股價的長期表現，即可見蹤跡（如表 12-1)。

杜邦模型的網絡分析

其實淨值報酬率可以說是杜邦財務模型的替身，由此可以演變許多分身來共同解釋企業的經營面貌。杜邦模型指標係由美國

表 12-1　大型績優股五年來淨值報酬率一覽表　單位：%，元

	台塑 1301	中鋼 2002	鴻海 2317	聯發科 2454	宏達電 2498
2008	10.9	10.1	15.3	23.5	47.2
2007	19.2	23.0	22.2	39.1	51.5
2006	16.1	19.3	22.8	33.5	59.2
2005	22.1	25.7	22.4	34.7	51.3
2004	26.8	28.0	24.8	33.6	34.2
04-08 平均	**19.0**	**21.2**	**21.5**	**32.9**	**48.7**
2 年平均價（註）	**68.04**	**35.92**	**137.9**	**373.4**	**520.5**

資料來源：公開資訊觀測站擷取計算及神乎科技資料檔案。
註：2 年平均價為 09 年 8/31 往前推 24 個月月均價。

道瓊成分股杜邦公司（註 1）開始引用以衡量內部管理績效，因此，一旦提到 ROE 自然就會聯想杜邦財務模型的奧妙。如圖 12-1，杜邦分析體系可以說綿密細緻將企業的財務結構、經營能力、與獲利能力緊密連結，它們之間就如高速公路與大小幹線的交流關係，看似獨立卻又是緊緊相依互有關聯，同時它們也似人體各器官的健康指標般，必須面面俱到保持均衡。由杜邦方程式的解析可以發現以下各大報表間的互動關係，以及風險與利潤值的大小，並間接影響公司價值的變化，對於財務分析確實提供了「吾道一以貫之」的原理與架構。

1. 負債與自有資本比率的槓桿關係。
2. 資產報酬率與淨值報酬率的差異。

註 1：杜邦公司 (Dupont) 成立於 1802 年 7 月，早期是製造火藥的工廠，現在是世界第二大的化工公司，在 20 世紀帶領聚合物革命，並開發出了不少極為成功的材料。

圖 12-1 杜邦分析體系

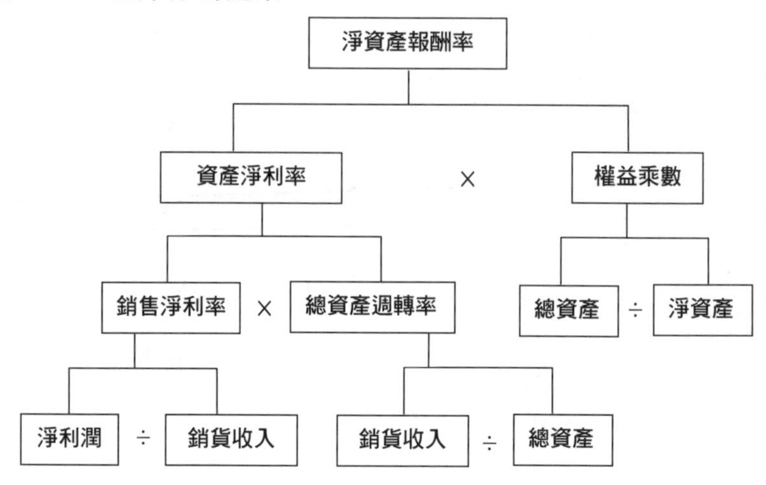

3. 銷貨與資產間的週轉率說明資產的使用效率。
4 . 淨利率表達當期營運績效良窳。

從杜邦財務比率的網絡觀察，這些指標僅在資產負債表與損益表連結，而缺少現金流量表的影子，如果能將杜邦模型衍生至營業現金流量，對於當期獲利的虛實應更具比較性。因此，筆者將“淨利 / 營業收入”轉化為（淨利 / 營業現金流量）×（營業現金流量 / 營業收入），藉之能夠觀察每單位營業收入創造了多少營業現金流量，以及每單位營業現金流量產生多少淨利，以能凸顯賺錢即是賺了等額現金的重要性。經此調整後，杜邦分析的創新模型如下：

原杜邦財務比率模型：

淨值報酬率 = 淨利 / 股東權益 = 淨利 / 營業收入（**淨利率** A）× 營業收入 / 總資產（**資產週轉率** B）× 總資產 / 股東權益（**權益乘數** C）

杜邦創新財務比率模型 (1)：

淨值報酬率＝（**淨利 / 營業現金流量**）×（**營業現金流量 / 營業收入**）×（營業收入 / 總資產）×（總資產 / 股東權益）

此外，原杜邦模型還可以進一步擴散以分析當期利息費用與所得稅的概況，即淨利率＝淨利 / 稅前淨利 × 稅前淨利 / 息稅前淨利（即 EBIT）× 息稅前淨利 / 營業收入，據此可取得以下第 2 款的創新模型：

杜邦創新財務比率模型 (2)：

淨值報酬率＝（**淨利 / 稅前淨利**）×（**稅前淨利 / 息稅前淨利**）×（**息稅前淨利 / 營業收入**）×（營業收入 / 總資產）×（總資產 / 股東權益）

杜邦模型的價值運用

基本上，杜邦模型的三大指標：淨利率（A）、資產週轉率（B）、與權益乘數（C），其各相關數據愈大愈好，愈能提高 ROE。事實上，一家公司長期這三項指標維持在高檔並不容易，如果能夠，即是所謂舉債經營成功的典範，也是杜邦模型中最令人欽佩的公司。換言之，該企業的『質』（淨利率）與『量』（資產週轉率）不僅要與時俱進增長有序，且更要有膽識利用槓桿操作才能達成三項指標齊頭並進，如此，方能讓 ROE 產生高報酬並使長線股東享受豐富的投資回饋。這類型在台灣最具代表性的公司應該是台塑集團的三家老牌績優公司，分別是台塑（1301）、南亞（1303）、與台化（1326），另外電子類的鴻海（2317）也是如此。

另外一類公司亦相當令人尊敬，即（A）與（B）項長期質量俱佳，但（C）項不具槓桿效果（代表自有資本率高），然而其（A）與（B）項卻能彌補（C）值之不足，這類金牛型的 ROE 效果絕對不比前述舉債經營成功公司差，台股市場中以台積電（2330）、聯發科（2454）、與宏達電（2498）最具模範。如果某家上市櫃公司長期出現（A）與（B）項數據低迷不振，甚或為負數（發生虧損），且在（C）項又大額槓桿操作，其 ROE 一定委靡不振，可以預期該企業存在著財務風險，甚至可能演變成危機公司。我們若將台股過往發生的危機公司案例分解，其杜邦模型的三大指標即是如此。

如何才能拉高 ROE 或讓其平穩，從杜邦模型觀察，首要之務是開源節流，即在（A）項下功夫，努力增加營收以增加資產週轉率並提高獲利率，如果營收增長不易，就該致力降低成本並減少現金流出以減緩虧損率。其次，要合理配置資源，優化資本結構，或是在不影響財務安全下增加舉債經營額度，此分別在（B）或（C）項或同時做調整改善。很重要的一點是不管單項執行或多管齊下，皆要重視現金流量的控管，ROE 的提昇一定和營業現金流入關係密切。

學習心得

1. 杜邦模型能夠按圖索驥穿針引線連接三大報表，從中發現企業的體質與績效，透視公司存在的風險與價值。
2. 杜邦模型的三大指標：淨利率（A）、資產週轉率（B）、權益乘數（C），其各相關數據愈大愈好，愈能提高 ROE。

3. ROE 在投資的運用以中長期佈局為主，在股市低迷時配合低股價淨值比（PB ratio）與季營收獲利轉趨成長為佳。
4. 好公司一定有好的 ROE，當好公司遇上壞局勢即是投資良機。

案例分析（一）：台積電（2330）與聯電（2303）的 ROE 分析

台積電與聯電主營業務同屬晶圓代工，兩家公司在台灣資本市場的良性競爭一直為人們津津樂道，同時也是市場不斷進步的驅動者。在 2000 年，它們的資本相當，台積電 1,168 億元，聯電 1,147 億元，市值差距還不到一倍（請詳表 3-2 及 3-3）。不過時過境遷，截止 2008 年，資本額已分別膨脹至 2,562 億元與 1,298 億元，市值則拉大到 8.08 倍。另聯電股價在 08 年還跌落至面值以下，最低來到 6.6 元，而台積電則是 36.4 元。何以同是財務優良公司，但在 8 年後市值愈拉愈遠，我們不妨來分析其最近 3 年的 ROE 杜邦模型。

如表 12-2，淨利 / 銷貨（即淨利率）、銷貨 / 總資產（即總資產週轉率）、與總資產 / 淨值（即權益乘數）的各項比值愈大愈有利 ROE。在近三年當中，除了權益乘數兩家公司接近外（表示兩家都是高淨值低負債），其餘兩項台積電的數據皆大幅超逾聯電。例如，晶圓代工景氣最旺的 2006 年，台積電淨利率達到 40.5%，而聯電則是 31.3%，而 2008 年前三季景氣步入下滑時差異更明顯。在資產週轉率方面，因為聯電較熱衷業外轉投資，相對資產週轉率偏低，因而影響本業獲利能力。另外，兩家公司過去累積豐富獲利致舉債經營不明顯，槓桿乘數對 ROE 貢獻不大。從杜邦財務方程式比較，即可抓到何以聯電的 ROE 低迷不振，而台積電始終是高水平。為能提高 ROE，近年來兩家公司不是大額減資（聯電），即是大額回購庫藏股。

再如表 12-3，創新的杜邦比率分析，從損益表延伸至現金流量表，讓營業現金流量加入比較陣營以能真實反應獲利能力的重要性。從表 12-3 的（B）項可以發現台積電各年度每單位銷貨創造的營業現金流入皆高於聯電，明顯的表達注重本業經營的質與量。而在（A）項表示每單位營業現金流入製造了多少淨利，聯電在 06 年因有大額處分投資收益（此現金流量非屬營業而屬投資項目），因而壓低了營業現金流入，致（A）項數據高於台積電，不過 07 與 08 年欠缺投資收益挹注後，其數據即低於台積電甚多，代表台積電在營業現金流量上提供了平穩高額的本業獲利。

表 12-2　台積電與聯電的杜邦財務比率分析表　　單位：新台幣億元

年度 / 公司 / 比率		淨利 / 銷貨 (A)	銷貨 / 總資產 (B)	總資產 / 淨值 (C)	A*B*C (ROE) %
2008	台積電	999/3217=0.310	3217/5405=0.595	5405/4763=1.134	20.9
	聯電	-223/925=-0.241	925/2079=0.445	2079/1846=1.126	-12.1
2007	台積電	1092/3136=0.348	3136/5518=0.568	5518/4871=1.133	22.4
	聯電	169/1068=0.158	1068/2907=0.367	2907/2364=1.230	7.1
2006	台積電	1270/3139=0.405	3139/5736=0.547	5736/5080=1.129	25.0
	聯電	326/1041=0.313	1041/3552=0.293	3552/2911=1.220	11.2

資料來源：公開資訊觀測站擷取計算。

我們將表 12-2 的（A）項拆解如表 12-3 的（A）與（B）項，通過營業現金流量與營收獲利的分析更能透視兩家公司營運強弱，而綜合表 12-2 及 12-3 的數據分析，反應在表 12-6 近三年兩家公司股價漲跌，即能一目了然為何兩家的公司價值各奔東西愈走愈遠。

表 12-3　台積電與聯電的杜邦創新財務比率分析表

年度 / 公司 / 比率		淨利 / 營業現金流入 (A)	營業現金流入 / 銷貨 (B)	銷貨 / 總資產 (C)	總資產 / 淨值 (D)	A*B*C *D (%)
08/3Q	台積電	0.471	0.658	0.595	1.134	20.9
	聯電	-0.498	0.484	0.445	1.126	-12.1
2007	台積電	0.627	0.555	0.568	1.133	22.4
	聯電	0.361	0.438	0.367	1.230	7.1
2006	台積電	0.648	0.625	0.547	1.129	25.0
	聯電	0.709	0.442	0.293	1.220	11.2

資料來源：公開資訊觀測站擷取計算。

案例分析（二）：友達（2409）與奇美電（3009）的 ROE 分析

友達與奇美電是當年兩兆雙星的代表性產業，其主力產品 TFT-LCD 面板產值已在全球名列前茅，尤其友達在 2006 年與廣達合併後更是如虎添翼，讓奇美電追的辛苦並感嘆第二名的無奈。面板產業如同 DRAM 產業必須不斷投資才有存活競爭能力（目前已進入八代廠的計畫），經過多年的拼鬥，友達雖已取得優勢，不過面臨產業不景氣，仍將持續考驗。

如表 12-4，近三年友達的 ROE 皆較奇美電高，分析其中（A）、（B）、（C）三項，從（A）項淨利率觀察，友達較奇美電好些，尤其在 08 年不景氣階段。而在資產週轉率上，友達三年當中也明顯優於奇美電，這與合併體質不錯的廣達有關係。另外，在權益乘數方面，06 年合併前友達財務槓桿明顯較高，但在合併後槓桿即降低。反而奇美電為追趕友達，積極利用槓桿，兩家在 08 年 3Q 權益乘數已擴大差距，若不景氣拉長槓桿將會出現雪上加霜的負面效應，這是奇美電的弱勢。從杜邦三項比率分析，近三年的 ROE 衍生指標分析，友達績效確實較奇美電為優。

再如表 12-5 杜邦創新模式，由於兩家公司都是聚焦本業經營，主營業務的損益濃度相當高，因此加入營業現金流量比較後尤能分辨淨利與收現能力高低。從（A）與（B）項觀察，整體而言，友達數據明顯較奇美電高，表示由銷貨創造的現金流入以及由營業現金流量產生的獲利水平比較優良。

表 12-4　友達與奇美電的杜邦財務比率分析表　　單位：新台幣億元

年度 / 公司 / 比率		淨利 / 銷貨 (A)	銷貨 / 總資產 (B)	總資產 / 淨值 (C)	A*B*C (ROE) %
2008	友達	212/4219=0.050	4219/5301=0.796	5301/2900=1.828	7.3
	奇美電	-60/3101=0.019	3101/5317=0.583	5317/2010=2.645	-2.9
2007	友達	564/4797=0.118	4797/5818=0.825	5818/2918=1.994	19.3
	奇美電	362/2999=0.121	2999/4755=0.631	4755/2206=2.155	16.4
2006	友達	91/2930=0.031	2930/5541=0.529	5541/2307=2.402	3.9
	奇美電	35/1870=0.019	1870/4124=0.453	4124/1883=2.190	1.9

資料來源：公開資訊觀測站擷取計算。

經過表 12-4 及 12-5 分析後，從表 12-6 即可充分明白，何以友達近三年各個階段的股價表現會比奇美電為佳。

表 12-5 友達與奇美電的杜邦創新財務比率分析表

單位：新台幣億元

年度 / 公司 / 比率		淨利 / 營業現金流入 (A)	營業現金流入 / 銷貨 (B)	銷貨 / 總資產 (C)	總資產 / 淨值 (D)	A*B*C *D (%)
2008	友達	0.174	0.288	0.796	1.828	7.3
	奇美電	-0.063	0.307	0.583	2.645	-2.9
2007	友達	0.387	0.304	0.825	1.994	19.3
	奇美電	0.376	0.321	0.631	2.155	16.4
2006	友達	0.149	0.208	0.529	2.402	3.9
	奇美電	0.138	0.135	0.453	2.190	1.9

資料來源：公開資訊觀測站擷取計算。

表 12-6 2006-2008 年四家公司股價表現一覽表

單位：新台幣元，%

	08 年均價	07 年均價	06 年均價	08 年漲跌 %	07 年漲跌 %	06-08 漲跌 %
台積電	56.5	65.2	61.4	-13.3	+6.2	-8.0
聯電	13.8	19.7	19.4	-29.9	+1.5	-28.9
友達	42.3	54.6	48.3	-22.5	+13.1	-12.4
奇美電	28.7	38.2	41.9	-24.8	-8.9	-31.5

資料來源：股市總覽與神乎科技資料庫擷取計算。

第十三章

將本求益真能獲利？

本益比運用如同買蘋果

有一次和幾位朋友聊天談起本益比（Price/Earning；又稱市盈率），其中朋友 A 這樣說：「市場給於某家公司的本益比倍數其實是捉摸不定的，就好像評審團在世界小姐的最後決賽圈中打分數，很容易受情境影響，不一定第一名就是表現最好的，若評審團全部更新換人，冠軍頭銜肯定也會換人」。朋友 B 則說：「本益比就像我們到水果攤買蘋果，付出的價格預期能得到滿意回饋，蘋果等級與價格有區別，品味高的人願意付出貴的價格來買等級高的，而一般民眾認為內涵差不多只買便宜的，貴的蘋果自有貨真價實之處，但很難保證蘋果不會被上蠟或誇張宣傳，而即將退色的過期蘋果也會被店家另做處理，不會完全沒價值」。朋友 C 也補充打趣說：「國外曾經有投資機構這樣形容本益比，說它是證券投資教科書中最重要的參考指標，但所有著名的投資大師卻沒有一位按本益比投資而成功的」。

其實本益比的算式一般投資人都很清楚，即股票市價除以公司某段期間的每股盈餘，以其倍數衡量投資風險的高低，若是倍數高於市場平均值風險相對大，反之則小。若以銀行定存計息觀念比喻，更能一目了然，假設年定存利率為 2%，百元定存息一年為 2 元，將本求益，本益比即為 50 倍，因此，若以定存觀念導入股票投資，目前本益比 50 倍以下之股票，理應具有投資價值。

不過實情是否如此，則不無疑問，本益比高風險就高嗎？就如蘋果貴就沒人買嗎？另外參考定存息倍數合理嗎？誠如前述，的確本益比在實際運用時會讓人丈二金剛莫衷一是，且存在著許多變數困擾我們的決策，這些因素包括安全性、獲利性與流動性的問題，如每股盈餘的衡量基礎、財務狀況的風險考量、資產與股票流動能力、產業前景的起落與投資心理猶豫不決等因素，都足以影響本益比的運用判斷。因此，如果沒有徹底了解它的內涵，建議不必以本益比為買賣股票的唯一依據。

以未來盈餘估算較貼切

就以每股盈餘的採樣標準來看，其實應以未來一年企業的獲利估算才更具參考價值，因為投資本就是買未來，必須往前看，若以交易所公佈企業前四季 EPS 為衡量標準，本益比即成為落後性的歷史資訊，實務上會造成本益比被高估或低估。一般而言，EPS 的各季變化容易受景氣波動、訂單量產及管理績效影響，以過去較高盈餘計算的本益比，一旦未來各季獲利走疲，本益比即容易失真，反之亦然。例如，當股價處在上漲階段，若排除籌碼炒作因素，正常情況，公司的獲利預期應該看好，然而此時設算的本益比，若沿用過去一年低獲利基期，則本益比一定處在高倍數，會覺得風險太高，不敢買進。若是以未來預期盈餘增長估算，結果則大相逕庭，本益比變低了，投資風險相對下降，投資價值自然上升。因此，若要使本益比更具投資參考價值，其每股盈餘應該採行未來年度的預測值較貼切，如此本益比才不致被誤導，至於未來的每股盈餘預測值，可以從下列方式進行。

1. 企業法說會或在重大訊息中公佈未來各季財務預測。
2. 從每月營收及每季盈餘狀況推估。
3. 參酌具公信力的投資研究機構報告得知。

高新科技股可享受高本益比

從市場廣度看，股市在不同年代都會出現新主流類股，這些市場主流股代表不同階段的高新科技產品，因這些公司的產品有亮麗獲利及美好憧憬造成投資人對其有特別偏好，這種市場熱潮自然會哄抬拉高該等股票的本益比。當市場普遍的投資人有此共識時，這些股票的高本益比就會被定調，直到成長與獲利遲緩，或每股盈餘跟不上股本增加幅度，或新的主流類股產生。台灣股市在不同階段所謂的「三高」成長族群代表，即「高營收成長」、「高獲利成長」、與「高股價成長」公司的本益比就是如此循環不已。我們若觀察上市公司的電子 IC 設計類股與傳統產業在本益比的差異，也能約略明白。另外，本益比與股票流動性也息息相關，尤其是股市的中長期投資更不容忽視。流動性高的股票因變現能力強，資金流通障礙低，其本益比可以允許較高；反觀流動性較差的股票，例如市場冷門股或新上市股承銷時，通常易買不易賣，轉換現金難度高，因此買方會壓低本益比。

實務運用盲點不容忽視

本益比在實務運用時，另外有二個盲點必須特別注意，其一是它忽略資產負債表的評估，其二是當公司虧損或小額獲利時會失真。因為本益比是利用損益表當期的每股盈餘（EPS）為衡量標準，僅僅表達某一期間的獲利能力與股價關係，對於資產負債表中的各項財務指標則無法凸顯。**在多頭市場大家都比較關心公司獲利成長，損益表比較受重視**，此時本益比像是損益表的縮影，可以衡量投資價值高低。**但在空頭市場，投資的安全性最受**

關注，資產負債表的各項指標與經營者的誠信理念顯然無法從本益比中觀察，造成投資盲點。其次，公司發生虧損或僅小賺，本益比數據不是變成負數無從解讀，就是數據大到失去意義。例如每股盈餘 0.1 元，股價 10 元，本益比高達 100 倍，而公司每股淨值有 15 元，如果財務狀況還好，則僅以本益比看股價高估，但與每股淨值衡量又屬低估，相同情況在本益比為負數無法衡量時亦同。要克服本益比運用的盲點，必須參考其他財務指標，及審視公司的財務安全程度及產業發展前景，千萬不要僅就本益比高低做投資決策。

學習心得

1. 不能僅以 PE 論斷投資價值高低，應綜合多項指標或資訊才實在。
2. 高本益比不一定高風險，低本益比不表示價值高，本益比為負數也不表示公司沒價值。
3. 本益比在多頭市場的運用較實在，且以未來 EPS 預估較合理。
4. 每股盈餘成分若主要依賴業外收益，本益比將被壓低。

案例分析（一）：友達公司（2409）運用歷史盈餘計算本益比的投資盲點

如表 13-1，友達公司（2409）是全球第二大面板廠（TFT-LCD），它的市場地位與經營績效一直表現卓越。其近 7 季營收獲利從 2007 年 4Q 逐季衰退，單月營收從 07 年 9 月最高 536.7 億元降至 2009 年 1 月的 131.9 億元，下跌 75.4%，季 EPS 也深受影

表 13-1　友達 (2409) 最近五季營收獲利及本益比一覽表

	2009/1Q	2008/4Q	2008/3Q	2008/2Q	2008/1Q	2007/4Q	2007/3Q
營業收入 (億)	504	595	1,040	1,223	1,362	1,552	1,378
季 EPS (元)	**-2.39**	**-3.12**	**0.09**	**2.56**	**3.41**	**4.23**	**2.89**
季收盤價 (元)	28.05	24.7	35.5	47.7	52.7	63.5	57.8
歷史本益比	**(註)**	**8.40**	**3.45**	**3.64**	**4.65**	**8.77**	**17.67**
每股淨值 (元)	31.80	34.10	37.33	40.28	40.43	37.10	32.39

註 1：歷史本益比按前四季 EPS 總數，並以當季季收盤價算之，09 年 1Q 的前四季 EPS 總數為 -2.86 元，本益比為負數失去意義。

註 2：友達 2008 年以來股價最低點出現在 08 年 11 月的 17.8 元。

註 3：友達 2009 年第 2 季營收為 822 億元，季 EPS-0.80 元，每股淨值為 29.40 元。

響，造成股價重挫，這段期間股價由最高 72.5 元直落到 17.8 元，很巧的是跌幅與月營收相同 75.4%，龍頭股的跌幅確實反應不景氣的惡劣。如果按過去四季累積 EPS 衡量本益比，從表 13-1 確實會讓投資人陷入本益比的迷失，為何本益比已低廉不堪，股價仍跌跌不休，此即本益比運用的標準盲點，尤其對景氣波動相當敏感的產業更是如此。依歷史盈餘衡量原則，未來友達的本益比在高檔盤旋或負數時，反而是買進時機（如表 13-1 的 08-09 年第 4 與第 1 季）。由此觀察，本益比的計算內涵確實值得注意，此也說明不能僅依本益比做投資決策。

案例分析（二）：聲寶（1604）與怡華（1456）本益比超低，股價並不領情

如表 13-2 聲寶（1604）與怡華（1456）這兩家公司，2008 年前三季、全年、及 2009 年上半年的本業獲利和本益比的狀況，很明顯兩家公司的營業利益不佳，即本業發生虧損或平平，但藉

表 13-2 聲寶與怡華 2008 年業績與本益比一覽表

單位：新台幣百萬元

	08 與 09 年營業利益			08 與 09 年淨利 / EPS(元)			負債比率 %		2008 年本益比
	08/3Q	08 年	09/2Q	08 年 3Q	08 年	09 年 2Q	08	09/2Q	
聲寶 1604	56	24	78	1,955/2.31	3,724/4.4	0.97 / 0	43.3	41.2	1.25
怡華 1456	-87	-155	-60	161 / 1.0	33 / 0.21	-161 /-1.0	78.2	79.8	13.71

資料來源：公開資訊觀測站與神乎科技資料檔。

註：聲寶股票 2008 年均價 5.51 元，怡華為 2.88 元；2009/08/31 收盤價，聲寶：4.95 元；怡華：1.28 元（今年被打入全額交割類股）。

著處分業外資產與冲回子公司破產提列損失之收益，致 08 年前三季每股盈餘出現 2.31 元與 1.0 元，尤其聲寶 08 年全年度 EPS 達到 4.4 元，惟幾乎都是業外貢獻值。

從 08 年均價計算其本益比，聲寶僅 1.25 倍，怡華若按前三季 EPS（1 元）來衡量，本益比亦僅 2.88 倍。為何兩者 PE 會那麼低，主要原因是本業利潤每況愈下，且業外巨額獲利不具穩定性與可預測性，加上財務狀況不佳，如怡華公司負債比率高且因連續發生虧損必須透過減資（08 年 11 月辦理減資），每股淨值才能維持 5 元以上，以避免被打入變更交易類股（註：2009 年已變更交易）。

另外，筆者發現傷害怡華公司現金流入與公司價值最大的應該是歷年來轉投資其母公司股票【佳和（1449）持股怡華 36.3%】，存在巨額未實現投資損失（放在股東權益項下），致影響每股淨值甚劇，這是母子公司交叉持股卻同時遭受本業與業外打擊的痛苦案例。從正面看，它們的經營者都還有心，積極製造現金流入改善體質，俾能重新出發，不過由股價表現來看，市場卻不完全認同。由此可得到具體結論：不是本益比低的股票就有投資價值，必須衡量財務狀況與未來經營績效，尤其是本業獲利與營業現金流入的穩定性及成長性，否則如這兩家公司 08 年有盈餘，但股價始終不領情，從其 09 年半年報獲利狀態即約略明白。

第十四章

面值、淨值、市值的三角關係

淨值成分不佳影響市值表現

有位朋友問起，為何有些公司的股票市值會低於財報上的淨值（即股東權益），甚至市值常常在面值與淨值之下，它們之間有何關係？筆者回答，面值是依台灣公司法規定公司股份每股統籌為 10 元，面值被視為經營企業的門票價格；市值是每天個股股價的波動狀況，藉之衡量公司市值多寡；每股淨值則從公司設立登記相當於面值 10 元開始，之後就會隨著公司經營績效、股權策略、及股利政策而增減變動。因此，每股淨值若經常低於面值，表示績效不彰出現虧損；然而經常高於面值則不一定是績效良好，主要關鍵在於淨值內涵。如果淨值成份不佳，市值即會出現低於淨值狀況，即使有賺錢的公司，其市值也未必會經常高於淨值。簡而言之，**市值會有價值即是貴在淨值的盈餘能力**。

淨值濃度高主要來自累積盈餘

前述所謂淨值成份不佳造成市值打折情況，頗值得我們探討股東權益的組成份子。按財報揭露概況，上市櫃公司的股東權益項目有下列五大項目，雖然隨著公司成長擴大會趨向複雜多元化，惟實收資本與累積盈虧仍是核心焦點。

1. 實收股本為股東權益的核心，注意增資（有償與無償）與減資對股本的影響。一般而言，盈餘公積配股（無償）比現金增資（有償）好，另外，增資雖然較減資具體實在，但增資會降低每股淨值，而減資則增加每股淨值。
2. 累積盈餘（虧損）為影響股東權益最重要的因子，每股淨值若主要來自盈虧的消長，對股價的刺激最大，因為它與營運好壞息息相關，深深影響公司的現金流量，及配息配股能力強弱。

3. 資本公積雖然包含增資溢價、長期投資、合併、出售固定資產與庫藏股買賣，但它們對企業價值的正面影響力並不如保留盈餘，如果每股淨值主要來自資本公積，反而要多關心資產的品質與管理績效。
4. 金融商品之未實現損益主要與投資金融商品及轉投資公司的資產淨變現價值能力有關，通常這科目餘額正數較負數好，如果負數金額與比重過大，表示企業業外的管理能力薄弱，將衝擊公司價值。
5. 庫藏股在股東權益的地位已日趨重要，正常情況，它的金額愈小愈能彰顯企業的經營實力。若要實施應該衡量環境情勢、股價狀況、及財務能力，且須量力而為節約自制。

抓住了股東權益前述五點概念後，即能掌握每股淨值濃度高的公司，通常濃度高的公司，其股東權益主要有下列特色：

1. 股本成長主要來自年度盈餘，股利政策穩健踏實。
2. 保留盈餘大於資本公積餘額，且是淨值中的重要成分。
3. 金融商品未實現損失控制得當，且不隨便實施庫藏股。

事實上，市場公認的模範績優股確實都有前述三點特質，同時它們長期的企業價值也是有目共睹。另外，值得投資人關心的是，如果經營者心術不正刻意掩飾不良資產，那每股淨值就有可能高估，此處盈實虧最值得注意的資產當屬“長期股權投資項目”。

財報優質與否凸顯 PB 值高低

每股淨值（註 1）是投資人在財報中唯一可簡單計算並衡量股價的虛擬工具。正常情況，它是代表公司長期營運累積至目前的經營價值，也是衡量公司管理當局長期經營績效的指標，更是表彰股東擁有公司剩餘財產分配權的權益。由每股淨值與股價連動產生的市淨比（PB），其實是分析公司經營價值多寡的重要工具，PB 值若常年大於 1，代表市場願意用高於每股淨值的價格來持有這家公司，這種企業是有價值的。通常，有價值的衡量因素有：

1. 這家公司經常能賺取滿意的盈餘。
2. 而且能賺到等額以上的營業現金流入。
3. 這家公司的長期股權投資不複雜且具控制權。
4. 這家公司的公司治理機制佳。
5. 這家公司擁有高持股比率的控制股東。

準此原則，我們幾乎很難看到一家公司，它欠缺上述 5 項因子，卻長期能夠享受大於 1 的 PB 值，如果有也是極冷門且受操縱的股票，且不具投資價值。

如果 PB 值經常小於 1，排除市場短期性系統風險，表示股價已跌破每股淨值甚或面值，其經營價值不高，從財報觀察通常有下列狀況：

註 1：每股淨值依證交所揭露的計算公式如下：

每股淨值 = 股東權益 /〔普通股股數 + 特別股股數（股東權益項下）+ 預收股款（股東權益項下）之約當發行股數 – 母公司暨子公司持有之母公司庫藏股股數〕。

1. 獲利能力經常出現衰退或發生虧損。
2. 營業現金流量經常出現流出或流入衰退。
3. 資產管理不善與不透明（如長期投資、應收款項與存貨）。
4. 長短期金融負債比例高且短借較長借多。

前述 4 項因素，可以簡單歸納為「現金流量不足，資產價值高估」，這種現象如果無法改善，公司股價很可能一直都會低於每股淨值。根據筆者的研究分析，上市公司的股價一旦跌破每股淨值且長達一年以上，未來它們的發展命運將出現下列三種狀況：

1. 經營者尚有良知苦撐待變，等候產業春天來臨，讓股價重新站回淨值之上，此前題是公司務實本業且有良好根基。
2. 經營者雖有誠信，但受限產業瓶頸、企業文化、及改造魄力，致呈現萎縮經營狀況，長期而言，將是老兵不死慢慢凋零局面。
3. 經營者有可能違背誠信掏空資產，如 2004 年的博達公司般，爆發財務危機後就垮台，股票立即變壁紙。

學習心得

1. 淨值濃度高的公司表示盈餘能力強，股價較不易跌破每股淨值。
2. 市淨比經常低於 100% 者，表示資產品質或盈餘能力差，不值得長期持有。
3. 當模範績優股的市淨比受系統性風險衝擊而低於 1 時，為長線絕佳買點。

案例分析（一）：淨值濃度高低決定公司價值高低

如表 14-1，四家大型上市公司的股東權益內涵及其佔總資產比率，由科目金額比重大小與公司價值高低，可以發現優質的淨值成分確實以保留盈餘最為重要。換言之，保留盈餘的濃度愈高，代表來自經常性本業收益愈大，其營業現金流入愈豐富，公司價值在長短期的績優表現也愈是明顯。

如台積電與台塑的保留盈餘比重都很高，台塑的比重 33.4% 還較實收股本大，相對的，聯電與華新其資本公積的比重（27.9% 與 22.6%）皆高於保留盈餘，代表本業績效並不出色。所以，反映到股價的長短期表現，自然不如台積電與台塑，我們從

表 14-1　大型上市公司 2008 年底股東權益和市淨比對照表

單位：新台幣億元

公司名稱	台積電 (2330)		聯電 (2303)		台塑 (1301)		華新 (1605)	
項目 (註)	金額	比率 %	金額	比率 %	金額	比率 %	金額	比率 %
實收股本	2562	47.4	1298	62.4	572	21.1	320	43.3
保留盈餘	**1700**	**31.5**	**-70**	**-3.4**	**909**	**33.4**	**60**	**8.1**
資本公積	498	9.2	581	27.9	128	4.7	167	22.6
其他項目 (註)	2	0	38	1.8	193	7.1	-17	-2.3
庫藏股	0	0	-1	0	0	0	-6	-0.9
股東權益	**4763**	**88.1**	**1846**	**88.7**	**1802**	**66.3**	**524**	**70.8**
每股淨值 (元)	**18.59**		**14.24**		**31.50**		**16.72**	**-**
12/31 收盤價 (元)	44.4		7.43		43.6		6.36	
市淨比	**2.39**		**0.52**		**1.38**		**0.38**	

資料來源：公開資訊觀測站。

註：各項目中的比率欄是股東權益各科目佔總資產比率；另其他項目是指金融商品未實現損失及調整數。

2008 年底的市淨比（PB）即可了解為何台積電與台塑仍是大於 1，而聯電與華新卻是嚴重的小於 1。雖然這四家公司都有雄厚的自有資本率，也算是市場各類股的績優股，不過在分析淨值內涵後，似乎我們更能了解，何以台積電與台塑的公司價值能夠一直穩健挺拔。

案例分析（二）：從 PB ratio 透視台灣 DRAM 公司的價值高低

台灣股市從來沒發生的狀況 2009 年終於看到了，那就是屬於資本密集 DRAM 產業的四家上市（櫃）公司，出現三家變更交易，只有華亞科沒事。雖然南科得到集團大股東奧援可望儘速脫離全額交割行列，不過成本卻是不低，總計大股東私募認購花了 122.2 億元。同樣是生產相同產品，但生存能力有天壤之別，如果長線投資人選錯了邊，虧損真的是殺很大。

分析華亞科與南科和另兩家最大的差異在於控制股東的強弱，華亞科與南科有持股率極高的美光與台塑集團支持，在風雨飄零時是兩家公司最大支柱。如表 14-2，筆者抓了近 5 季 4 家公司的 PB 值比較，發現以下重要投資觀點：

1. 在 2008 年第 1 季股市還在 9000 點之上，當時力晶與茂德的每股淨值還在 10 元以上，但季底股票收盤價衡量的 PB 已經低於 1，相對的南科與華亞科都還高高大於 1，此代表投資人在股市高檔，即使四家公司都虧損，還是較認同南科與華亞科的經營價值。
2. 從 08/1Q 至 09/2Q 的 6 季當中，力晶與茂德的 PB 值始終低於 1，茂德甚至沿路下滑。同樣遭受嚴重虧損，但南科僅在 08/3Q 低於 1，華亞科則 08/2Q&4Q 三季低於 1，今年以來這兩家 PB 又回到 1 以上，南科甚至達到 2。由此觀之，更能凸顯南科與華亞科風雨生信心的投資價值，而另兩家感覺是搖搖欲墜。

3. 再看 09/2Q 每股淨值概況，南科與華亞科 PB 值仍在 1 以上，與另兩家比較，很難看出南科是變更交易的公司，其中最大

表 14-2　台灣四家 DRAM 公司近六季淨值與股價關係一覽表

單位：新台幣元

		2009/6/30	2009/1Q	2008/4Q	2008/3Q	2008/2Q	2008/1Q
南科 (2408)	每股淨值	9.10(註 1)	3.79	6.03	8.59	10.50	12.06
	收盤價	16.5(註 2)	7.75	6.04	7.32	13.65	18.10
	PB ratio	**1.81**	**2.04**	**1.00**	**0.85**	**1.30**	**1.50**
華亞科 (3474)	每股淨值	12.20	13.43	15.02	18.09	19.31	20.28
	收盤價	14.15	13.45	8.06	9.44	17.80	26.95
	PB ratio	**1.16**	**1.00**	**0.54**	**0.52**	**0.92**	**1.33**
力晶 (5346)	每股淨值	3.40	5.05	5.80	9.14	11.04	12.02
	收盤價	2.79	4.41	3.91	4.83	8.64	11.35
	PB ratio	**0.82**	**0.87**	**0.67**	**0.53**	**0.78**	**0.94**
茂德 (5387)	每股淨值	4.60	5.00	6.16	7.88	9.36	10.18
	收盤價	1.10	1.32	2.43	3.25	5.88	7.43
	PB ratio	**0.24**	**0.26**	**0.39**	**0.41**	**0.63**	**0.73**

資料來源：公開資訊觀測站與神乎科技資料庫。

註 1：南科因在 6 月份即完成減增資，所以淨值較 1Q 增長。

註 2：收盤價係指每季最後交易日股票的收盤價，南科則是按 2009/08/26 減增資後掛牌首日 16.5 元衡量。

因素即是南科有富爸爸撐腰，而力晶與茂德則無。另外，華亞科今年來股價的強勢正是表達它有兩位超級奶爸——美光與南科，可以預期，未來 DRAM 景氣翻揚，華亞科應該是領頭羊。

圖 14-1　台灣四家 DRAM 公司近六季股價淨值比對照圖

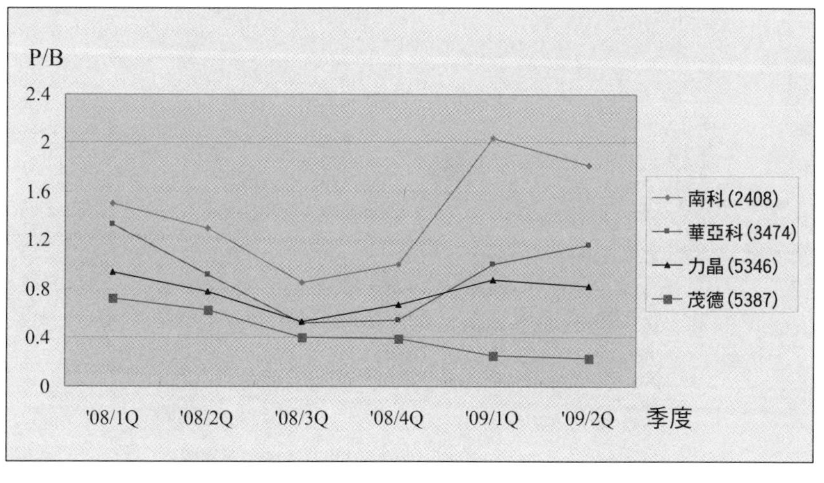

第十五章

企業價值指標的高低循環

價值指標升溫股市回檔？

2008 年 12 月 16 日筆者曾在部落格談到主題：「台股企業價值指標創歷史新低，具長線投資價值」。2009 年 6 月初媒體報導說依據交易所統計資料，截止今年 5 月上市公司平均「本益比」（股價 / 每股盈餘）已來到 62.12 倍高峰，而「股價淨值比」（股價 / 每股淨值）攀升至 1.64，另「殖利率」（現金股息 / 股價）則下降至 3.26% 低水平。顯然的，如表 15-1 數字說明，2009 年 5 月份這些市場價值指標與 2008 年 11 月股市最低點 3955 時的數字相去甚遠，加權指數受此影響而回檔。不過在 09 年 9 月初證交所公佈 8 月數據時，即使 PE 倍數已來到 103.77，加權指數仍然持續上漲衝過 7500 點，不畏數據偏高影響，這又該如何解釋？

指標二低一高風險低

前述三項市場平均價值指標是綜合 725 家上市公司 (09 年 5 月) 的股價與財務數據而得，原則上平均本益比（PE 又稱市盈率）愈低，代表加權指數相當低迷或是上市公司業績不振，但投資價值卻愈是提升；反之，如股市各波段高點，表示市場氣氛高漲或業績已爬升，但投資價值會相對打折。股價淨值比（PB）的觀點與 PE 雷同，即比值高低與風險大小成正比。而現金殖利率則是反映現金股息與市值的概況，它的倒數就是本利比（股價 / 現金股利），當指標值愈低時，代表市值已大幅上升或市場現金股息分派數下降，其投資價值自然也會降低，反之則會上升，所以它的比值高低係與風險成反比關係。

推導至各企業，這三項分母參數：每股盈餘、每股淨值、與現金股息，分別表達上市（櫃）公司當期獲利能力（每股盈餘）、體質安全能力（每股淨值）、與現金流動能力（現金股息）的強弱，而且代表資產負債表、損益表、與現金流量表等三大報表各種能量，所以主管機關揭露此項數據確實有投資參考價值。當一家企業這三項數據良好，而股價受市場系統性風險影響處在低檔，則這三個企業價值指標將會出現二低（PE&PB）一高（殖利率），此時應該是中長期投資人的佈局投入良機。不過，當股價大幅上升而每股盈餘、每股淨值、與現金股息等三項數據不變時，即會出現二高一低相反情勢，此時若貿然入市被套牢機會就相當高。

價值指標應一致性的運用

在此特別強調，證交所統計這些指標的財報數字是採過去已發生的前四季數字，所以這些指標值說它們是落後指標並不為過。所以，當指標值如 PE 快速上升時，證交所長官就會積極為市場漲勢辯護，正面解讀說上市公司未來業績看漲，若以未來獲利數字衡量，這些指標即會變的相當合理，主管機關報喜不報憂的態度可謂用心良苦。不過，如表 15-1 所示，證交所在 09 年 9 月初公佈上市公司 8 月各價值指標，發現 8 月份的 PE 已來到 103.77 的高價區，這又要如何解釋呢？其實普遍的上市公司 09 年第 2 季財報業績都較首季好，但是與 2008 年第 2 季同期的高峰比較卻仍是衰退，誠如前述，當捨 08 年 2Q 而取 09 年 2Q 業績資料，並比較 08 與 09 年 8 月平均指數分別為 7,071 與 6,856 後，即會了解 8 月 PE 數據更高係因業績較股價滑落更多所致。因此，可預期若加權指數持續穩步上漲不回落 7,000 點，在 2009 年 11 月公佈 10 月份價值指標時，這三項指標就就很難如先前主管機關長官的解釋 PE 回到較為合理區間，因為 08 年 3Q 上市公司業績仍然不錯且肯定較 09 年 3Q 好，然而 08 年 9、10 月股價卻是大幅挫低，在分子變大（股價）分母變小（業績）後，很顯然加權指數的 PE 將會居高不下。

如果讀者本身的持股，其 PE 與 PB 尚較表 15-1 的市場平均值還低，且殖利率較市場平均值高，換句話說，市場是二高一低，而您的持股資料是二低一高，風險值自然較市場平均值低許多，從中期角度看仍是安全安穩的，同時也值得持有並參與除權息。這種股票多屬定存概念股，其產業成長性不大但厚實，且獲利平穩漲幅不多，若殖利率仍有 5% 以上且未來營運尚稱平穩，則是可考慮的優良投資標的。

通常，企業價值指標從二高一低至二低一高的時間循環恰似景氣高低的波動循環，時間至少逾兩個年度，這正符合長期投資者的等待。當下回市場低迷景氣黯淡之際，誠如 2008 年第 3、4 季，我們可以按圖索驥勇敢入市，相信價值指標應該不會讓吾人失望。

學習心得

1. 市場價值指標雖是落後指標，惟一致性原則的落實運用，效果仍佳。
2. 當企業價值指標出現二低（PE&PB）一高（殖利率）且超逾歷史低點時，注意長期投資的佈局良機。

3. 個別股票的三項價值指標皆較加權指數為優，即屬長線優良投資標的。

案例分析（一）：台股企業價值指標來到二高一低？

如表 15-1，我們若觀察 2009 年 5、7、8 月數據，與 2008 年 11 月及 09 年 1 月數據比較，當可發現 08 年第四季市場相當冷清但價值浮現，而 09 年 5、7、8 月市場相當熱絡，不過投資價值已然變薄，有必要停聽看。同理可推，2008 年 11 月與 2001 年 9 月都是長波段加權指數出現最低點的月份，它們的價值指標皆來到二低一高的歷史低點，投資價值變高。此外，在大波段的高點

表 15-1　2000 年以來加權指數高低點的市場價值指標比較表

單位：新台幣兆元

年 / 月	本益比 (P/E)	市淨比 (P/B)	殖利率 %	總市值	加權指數	上市家數
2000/02	**57.00**	**2.95**	**2.38**	**13.55**	**9,891**	**463**
2001/09	18.11	1.22	6.60	6.50	3,949	587
2007/10	**17.66**	**2.25**	**3.74**	**24.22**	**9,605**	**681**
2008/05	**14.66**	**1.90**	**4.89**	**23.36**	**8,910**	**709**
2008/10	10.20	1.15	9.26	12.40	5,043	711
2008/11	9.53	1.06	10.12	10.62	4,509	712
2009/01	9.05	1.01	10.53	10.84	4,475	719
2009/05	**62.12**	**1.64**	**3.26**	**17.34**	**6,586**	**725**
2009/07	**63.52**	**1.69**	**3.15**	**17.89**	**6,835**	**726**
2009/08	**103.77**	**1.66**	**3.34**	**17.33**	**6,856**(註)	**728**

資料來源：台灣證券交易所網站。

註：加權指數為月平均數；另 2000/02 指數最高 10,393；2007/10 指數最高 9,859；2008/11 指數最低為 3955；2009 截止 9 月 8 日加權指數最高為 9/8 的 7350。

後記：2009/09 各項指標值為 PE：100.17；PB：1.83；殖利率：3.05；總市值：19.11 兆元；加權指數：7321；上市家數：730 家。

2000 年 2 月與 2007 年 10 月則是二高一低，價值變低。

會計上有所謂一致性原則，只要不隨意調整計價方法，其實這三指標在中長線投資觀點自有它的實質論點，即在加權指數巨幅下跌或上漲一段時間後，這三指標與歷史紀錄比較，若出現二低一高表示風險低，若是二高一低表示風險高，誠如表 15-1，2008 年 10 月、11 月、及 2009 年 1 月指標的數字確實已超逾歷史紀錄，應該就是中長線的買點，而 2009 年 5、7、8 月的指標值則逐漸接近 2000 年 2 月或 2007 年 10 月的高峰值，應該有預警煞車的味道。當然個股的高低點情況會有落差，只要將個別股的價值指標與市場指標比較，亦能收到異曲同工之妙。

案例分析（二）：兩岸核心銀行財務資訊超級比一比

銀行為百業之母，除了表示銀行對各個大小行業的融資哺育功能外，同時也代表銀行需要百業的養分支持才能立基生根。銀行的業務特質和製造業與流通業不同之處，在於銀行屬特許性行業，進出入障礙高，所以除了部分跨國際的知名銀行外，基本上它的業務範圍屬區域性和地方性居多，不似其他大型製造業的市場是在全球各地區。另一方面，銀行的經營特質和其他行業也有差異，銀行的信用基礎絕對要採高標準才能保障存款戶的資金安全。基於業務和經營特質，一般而言，銀行業的發展在人口眾多且經濟成長明顯的大國較有利，同時穩健行遠信用至上的銀行才能隨著金融創新而能老而彌堅生機勃勃。當銀行存在這兩項特質後，其實就像台灣拉拉山的 21 顆千年神木群，能夠高傲挺拔又能庇佑蒼生。

若觀察下表 15-2 及 15-3，顯然的，台灣的金融業目前就有前述兩項弱點，如服務區域小且人口數有限，又遲遲走不進去內陸地區。此外 1991 年後新成立的民營銀行，有多家出現經營者的道德風險致信用破產（如中興銀和中華銀）。反觀大陸的主要銀行並沒有這些包袱，因為它們是國家或省市級直接或間接投資的銀行，有政府公權力的信用做強力支撐。雖然它們的金融創新還有段距離（註：正好規避了 2008 年全球金融危機），但穩健行遠的經營特質配合經貿持續高成長，所以銀行的業績呈現繁榮熱絡，其公司價值確實高逾台灣許多。

表 15-2　2008 年大陸主要銀行財務資訊比較表

單位：人民幣億元；元

銀行名稱 / 代碼	總資產	淨資產	每股淨值	EPS	12/31 收盤價	P/B	P/E
600000 浦發銀行	13,094	417	7.36	2.21	13.25	**1.8**	**6.0**
600015 華夏銀行	7,316	274	5.49	0.70	7.27	**1.3**	**10.4**
600016 民生銀行	10,543	547	2.86	0.42	4.07	**1.4**	**9.7**
600036 招商銀行	15,718	795	5.41	1.43	12.16	**2.3**	**8.5**
601169 北京銀行	4,170	338	5.43	0.87	8.91	**1.6**	**10.2**
601328 交通銀行	26,783	1,452	2.96	0.58	4.74	**1.6**	**8.2**
601398 工商銀行	97,577	6,032	1.81	0.33	3.54	**2.0**	**10.7**
601939 建設銀行	75,555	4,660	1.99	0.40	3.83	**1.9**	**9.6**
601988 中國銀行	69,557	4,683	1.84	0.25	2.97	**1.6**	**11.9**
601998 中信銀行	10,760	861	2.20	0.11	6.38	**1.6**	**11.4**

資料來源：上海證交所網站。

註：10 家 PB（股價淨值比）平均值為 1.71；PE（本益比）平均值為 9.65 倍。

表 15-3　2008 年台灣主要銀行財務資訊比較表

單位：新台幣億元；元

銀行名稱 / 代碼	總資產	淨資產	每股淨值	EPS	12/31 收盤價	P/B	P/E
2834 台灣企銀	11,622	395	10.19	0.02	7.02	**0.7**	**351.0**
2880 華南金控	17,101	897	14.74	1.50	18.40	**1.3**	**12.3**
2881 富邦金控	20,067	1,483	19.21	1.41	23.90	**1.2**	**17.0**
2882 國泰金控	37,463	1,455	14.62	0.20	36.50	**2.5**	**182.5**
2886 兆豐金控	24,096	1,780	16.10	0.02	11.45	**0.7**	**572.5**
2887 台新金控	23,524	1,472	12.1	-1.01	5.78	**0.5**	**-**
2888 新光金控	17,402	562	8.99	-3.80	8.9	**1.0**	**-**
2891 中信金控	17,273	1,403	14.23	1.51	13.9	**1.0**	**9.2**
2892 第一金控	18,001	1,001	16.13	1.20	17.25	**1.1**	**14.4**
5854 合作金庫	24,871	1,072	19.54	1.38	16.6	**0.9**	**12.0**

資料來源：台灣證交所公開資訊觀測站。
註：10 家 PB（股價淨值比）平均值為 1.09；PE 平均值 146.4。

讓我們看看台灣規模最大的國泰金控，它的總資產規模換算人民幣還不到中型的民生銀行，而一家工商銀行（601398）的總資產足足超逾表 15-3 台灣前十大金控或銀行的總資產。另外就獲利能力而言，以 2008 年大陸這十家銀行都賺錢，每股盈餘最高的浦發銀行高達 2.21 元（大陸股票面額統一為 1 元），然而台灣同期間 EPS 最高的僅有 1.51 元（台灣面額為 10 元），還有兩家發生虧損，以此觀之，即約略了解台灣銀行業的競爭弱勢。

另外，從代表公司長期經營價值指標的股價淨值比（PB）來看，大陸十家銀行 2008 年的平均 PB 為 1.71 倍，還較台灣平均 PB 值為 1.09 高出許多，表示在金融危機肆虐下，大陸銀行業前景仍是欣欣向榮，這好像台灣銀行股在 1988-89 年的盛況。如果再觀察大陸這十家核心銀行 2008 年全年的平均本益比（PE）僅 9.65 倍，遠較台灣十家的平均值 146.4 倍低，其投資風險與投資價值自然較台灣好。如果有一天兩岸金融開通，台灣銀行業因具備訓練有素的高階人才，和經歷銀行自由競爭的豐富經驗，或許台灣的兆豐金（交銀改名）能夠和大陸交通銀行合作，或其他商銀可以招親往來，說不定從銀行業的合作可以創造世界級的金融公司。

第十六章

Z 分數模型 (Z-Score) 能夠替危機公司打分數？

五項財務指標構成 Z 分數

相信買賣過股票的人有一種痛苦經驗很難忘懷，那就是踩到地雷股。地雷股也可稱為潛在危機下市股，是一種我倆沒有明天的公司，除非能當機立斷停損（還不一定出脫），否則最後總是留下一堆高貴的壁紙。筆者記得最清楚的一次是十幾年前曾買過上櫃股票正義食品，就有此心痛經驗。學習如何避免被騙應該是投資的基本教育，其實被騙的原因之一是我們的學習能力不足。基本上，市場的老手都有此共識，即寧願被好公司高價套牢，也不願被壞公司低價套空。為能區別好壞公司，或是避免誤踩地雷，筆者提供美國紐約大學的知名學者歐特曼（Eward I. Altman）在 1960 年代研究出爐的財務預警指標，供大家檢驗看看。

Altman 多年研究危機預警有成，曾享有「危機之父」的美譽，根據長期的實證研究，他挑選了五項財務指標並給予不同乘數，我們只要將上市櫃公司年度財務資訊帶入公式，即能看出危機概況。Altman 的這套研究統稱為 The Z-score Model（Z 分數模型），Z 分數的公式與五項財務指標如下：

$$Z = 1.2 \times A + 1.4 \times B + 3.3 \times C + 0.6 \times D + E$$

A = 營運資金 / 總資產（營運資金即流動資產－流動負債）

B = 保留盈餘 / 總資產

C = EBIT/ 總資產（為方便計算 EBIT 可用營業利益取代）

D = 總市值 / 總負債

E = 銷貨收入 / 總資產

兼顧非財務因素很重要

根據上述公式值，Altman 的結論是：一般而言，一家財務健全的上市公司，其 Z 分數應該高於或等於 2.99；而財務狀況不佳的公司，其 Z 分數則低於或等於 1.81。

Altman 認為有 85%~90% 危機公司，在危機（破產）發生前 Z 分數即會出現警訊，即指標值會低於 1.81；而長期績優的公司其指標值則在 2.99 以上，介於這中間地帶的公司則是績效平平的公司，短期內不易察覺危機情況。此外 Z 分數的產業應用範圍不適合下列行業：公用事業、房地產業、銀行、保險業、與證券業等。

筆者認為真正要判別上市公司出現危機並遭遇下市概況，除了參考前述 Z 分數外，還是要徹底檢視財報附註以及公司年報，了解公司的人物、產物、與財務三大元素，此外對於非財務因素的股權控制、內外制約、與財務決策等指標（註 1）也應仔細觀察，才能定奪。

以下讓我們來看看兩則案例，其一是華航（2610），其二是已經下市的博達（2398）、台鳳（1206）、及東雲（1462）等三家公司。從這兩案例的公司，在它們還沒打入全額交割股（變更交易）的前兩個年度（如博達在 2004 年爆發危機，取其 2002-2003 年度資料），利用 Z 分數模型來計算它們的數值並衡量狀況，以說明 Z 分數模型的利弊。

註 1：股權控制包括董監事背景、持股高低、股權質押、及減持情況；內外制約包含董監經理人及簽證會計師事務所的異動；財務決策主要指資金募集、庫藏股等決策。

案例分析（一）：中華航空（2610）的 Z 分數不靈驗？

華航的 Z 分數計算如下：

$$Z = 1.2\times A + 1.4\times B + 3.3\times C + 0.6\times D + E$$

2008 年華航 Z 分數 $= 1.2 \times (-0.242) + 1.4 \times (-0.118) + 3.3 \times (-0.047) + 0.6\times 0.331 + 0.574$
$= -0.2904 - 0.1652 - 0.1551 + 0.1986 + 0.574$
$= \mathbf{0.1619}$

2007年華航Z分數 $= (-0.1428) + 0.0406 + 0.0198 + 0.2058 + 0.550$
$= \mathbf{0.6734}$

案例分析（二）：博達（2398）、台鳳（1206）、東雲（1462）的 Z 分數

1. 博達 Z 分數：

2002 $= 1.2\times A + 1.4\times B + 3.3\times C + 0.6\times D + E$
$= 1.2\times 0.339 + 1.4\times 0.022 + 3.3\times 0.033 + 0.6\times 0.610 + 0.333$
$= \mathbf{1.246}$

2003 $= \mathbf{0.067}$

2. 台鳳 Z 分數：

1998 $= 1.2\times 0.192 + 1.4\times (-0.132) + 3.3\times (-0.018) + 0.6 \times 1.370 + 0.058$
$= \mathbf{0.866}$

1999 $= \mathbf{0.410}$

3. 東雲 Z 分數：

$$
\begin{aligned}
1999 &= 1.2\times0.089 + 1.4\times0.027 + 3.3\times0.005 + 0.6\times0.334 \\
&\quad + 0.233 \\
&= \mathbf{0.595}
\end{aligned}
$$

$$2000 = \mathbf{0.407}$$

由案例（一）的華航概況，其 07 年與 08 年的 Z 分數皆小於 1.81，且在 07 年即已大幅低於 1.81，暗示著華航的財務有狀況，且預期 08 年情形會更糟，果然華航 2008 年大虧 323 億元（EPS-7.11 元），每股淨值 2009 年第一季剩下 6.36 元。由此觀之，Z 分數確實有其危機預警的代表性。

接著再看案例（二）已下市的三家危機公司的 Z 分數，不管是作假帳掏空的博達、或靠業外收益炒股的台鳳、或是過度舉債經營失衡的東雲，它們的 Z 分數皆呈現每況愈下（博達、台鳳），或是低迷徘迴（東雲）窘境，顯現 Z 分數模型在危機公司出現變更交易前兩個年度，即提供重要預警訊息。

Z 分數無法表達控制股東實力

雖然 Z 分數很會替艱困公司打分數，不過它也有盲點，其中最重要的是無法表達控制股東的實力與產品的競爭能力，其次是 Z 分數的模型並沒有重視營業現金流量的能力。如果大股東有心且主營業務有料，及時拯救也應該能夠力挽狂瀾，所以有些公司即使掉入變更交易類別，也不一定會危機下市。

如案例（一）的華航，它的控股股東不是一般民間企業或人士，它是半個國營事業，同時它的主營業務也是航空業的台灣旗

表 16-1　中華航空 2007 與 2008 財務資訊表　　單位：新台幣百萬

	2008 年	2007 年
營運資金	-52,729	-27,573
保留盈餘	-25,657	6,694
營業利益	-10,206	1,351
總資產	218,060	230,808
總負債	187,374	175,638
營業收入	125,221	126,993
股本	46,252	40,736
股票年均價 (元)	13.41	14.81

資料來源：公開資訊觀測站與神乎科技資料庫。

艦，雖然 08 年大虧，不過控制股東（航發會）馬上進行輸血拯救計畫，火速辦理減資再增資。另外，大家耳熟能詳的台塑集團的南科（2408）與威盛（2388），情況如同華航，也是火速進行先減後增計畫。若按 Z 分數的說法，華航應該要發生危機並可能破產下市，結果它並沒有，而且很可能未來減增資後更有競爭力，這即是 Z 分數運用的盲點。

因此，了解 Z 分數的預警分數很重要，惟抓住公司人物與產物的變化更重要。如果沒有像華航、南科、威盛這樣的人物（即大股東持股高且有實力）標誌，與產物地位（居產業重要領導地位且有熱門題材），那麼 Z 分數的持續低迷就是危機企業的重要徵兆。

學習心得

1. Z 分數模型綜合資產負債表與損益表數據，為診斷危機公司的有力工具。
2. 對於企業控制股東的財務實力，Z 分數模型無法提供適足資訊。
3. 該模型無法運用至全體上市櫃公司，實用價值受到限制。

表 16-2　三家危機公司危機前二年度財務資訊表　單位：新台幣百萬

	博達 (2398)		台鳳 (1206)		東雲 (1462)	
	2002	2003	1998	1999	1999	2000
流動資產	9,299	8,008	13,924	19,572	27,288	22,218
流動負債	2,714	6,001	8,338	10,309	21,887	16,585
總資產	19,445	17,099	29,124	32,322	60,549	51,787
保留盈餘	436	-3,314	-3,855	-6,543	1,645	-100
營業收入	6,472	4,228	1,697	3,040	14,110	13,562
營業利益	642	-2,446	-522	-271	292	-308
總負債	9,555	9,536	17,131	22,659	35,947	29,270
總市值	5,829	6,738	23,462	10,659	12,001	1,800

資料來源：台灣經濟新報資料庫 (TEJ)。

股權策略篇

第十七章

轉換公司債 (CB) 為何轉換失靈？

歌林與茂德轉換債讓人傷心

曾聽一位筆者的朋友講他難忘的投資教訓，2008 年上半年他買了歌林公司（1606）的轉換公司債（convertible bond；簡稱 CB），這位朋友屬穩健型投資者，不喜短線，認為歌林是老牌公司近年有賺錢，又有大片土地房產，他以低於 CB 票面額 100 元折價買入，準備在 2009 年到期後，公司依約須按面額贖回，他可賺取約 10% 的報酬即屬滿足。無奈，歌林在 2008 年 7 月即爆發財報危機，他的百萬投資一去不回全數泡湯。

另外，2009 年第四季與幾位以前職場朋友聚會，他們都是股市多年的套利高手，在茂德（5387）海外轉換公司債（ECB）因業績大幅虧損處於折價時，即大額折價買入等待 2009 年 2 月 14 日公司贖回賺取差價。不過，茂德在贖回前夕發佈重大訊息無力償還這筆 2007 年初發行的 3.5 億元美金，這對 ECB 持有者而言，真的是如坐針氈。雖然茂德最後取得以台銀為首的銀行團聯貸及透過債務協商機制，打折償還了這筆 ECB 債務，不過卻因此違約而被變更交易，另外也讓有心人懊惱不已。

轉換債評估首重財報安全性

轉換公司債是兼具債權與股權的金融商品，1989 年遠東紡織（1402）首家發行並掛牌交易，當年筆者躬逢其盛參與作業。由於 CB 是屬債券性質，其承銷方式係按現場排隊申購進行，當時股票熱絡又屬首件新金融商品，在有利可圖誘因下，造成申購者在前一晚即到現場打地鋪排隊領牌的熱鬧景象。

本質上，CB 具備進可攻退可守的投資特色，當股市進入多頭階段，公司股價上漲超逾轉換價格時，可以適時選擇賣出 CB 或轉換為股票賺取差價，或透過融券現股鎖定 CB 與股價的差價進行套利。如果股市不佳，CB 價格平靜無波，則以逸待勞領取 CB 票面債息（註：不一定每家公司都有面息），另外，也可以在 CB 折價時買進，等待公司贖回賺取差價。雖然看似穩健可進可退，不過它卻有兩大投資罩門，一是流動性不佳，二是財報風險隱憂。

筆者認為，要克服流動性問題就得先解決財報是否有風險顧慮。基本上，投資 CB 歸納起來有下列評估重點，其中最重要的還是集中在發行公司財報的風險評估：

1. 財報的獲利性、安全性、與流動性。
2. 董監大股東的持股高低與誠信度。
3. 主營業務的聚焦和產品創新。
4. 股價長期表現概況和股權分散程度。
5. CB 轉換價格合理性與轉換價格重設機制。

CB 價格嚴重折價意謂風險高

上述第 1 項必須三性合一的綜合考量，即三大報表（即資產負債、損益和現金流量表）都要顧全，衡量的重點順序是：(1) 賺錢比虧損重要；(2) 賺取營業現金流入比損益表的淨利還重要；(3) 流動負債的融資到期還債能力比淨損益與營業現金流量又還重要。

第 2 項的分析重點在於，具有明顯的高持股比率控制股東將較低持股比率董監來的安全。第 3 項的重點是企業的核心業務是否有競爭力，以及財務和研發能力可否支持產品與時俱進。另外，第 4 項的觀察重點則是，股價的長期表現始終落後業績，亦即不管業績好壞，股價總是相對弱勢，最明顯的情況就是股價始終低於每股淨值，這反應了股權過度分散且低持股比率的董監事領導無方。至於第 5 點則與 CB 的發行時機及企業需金程度有關，通常績優公司不會在市況低迷時向大眾要錢，因為資金成本高，另外這一項的利益點必須建構在前 4 點財務安全得到保障下，才有利基。

在投資 CB 時，若能先仔細評估前述 1-4 點，再評估第 5 點狀況，應該就不會隨意搶進折價的 CB。正常情況，財務健全的公司其 CB 掛牌價格不會輕易大幅折價，若是不合理的嚴重折價，意謂著公司的償債能力與獲利能力不佳，潛藏風險不容忽視。嚴謹的說，如果能夠掌握企業財務安全性強弱，其實就已掌握 CB 大半的獲利契機，剩下的只是選擇何時切入，以及投資組合的建置。若公司安全性無虞，當然在市場愈是低迷佈局愈是有利，至於投資金額多寡，必須考量 CB 僵固流動性與個人風險偏好。

學習心得

1. CB 存在易買不易賣的流動性壓力，須做好長期準備才能行動。
2. CB 可攻可守的投資成功之道，主要建構在企業財報安全無慮。

3. 對短期即將到期且大幅折價的 CB，不要一廂情願，過度動心。

案例分析（一）：台灣四大 DRAM 公司的財務安全性比較

從表 17-1 台灣四大 DRAM 公司各項指標綜合觀察，的確力晶（5346）與茂德（5387）在空頭市場的財務防禦能力，較台塑

表 17-1　台灣 DRAM 公司近兩年財務與股權資料比較表

單位：新台幣億元

	南科 2408		華亞科 3474		力晶 5346		茂德 5387	
	2008	09/2Q	2008	09/2Q	2008	09/2Q	2008	09/2Q
短期融資 (註 1)	**118.7**	**158.0**	**218.0**	**259.3**	**414.0**	**442.3**	**675.1**	**141.8**
長期負債	**602.3**	**548.7**	**514.9**	**510.3**	**578.7**	**492.2**	**6.5**	**512.6**
現金與約當現金	25.0	17.9	54.0	50.2	74.2	16.4	1.9	3.4
營業現金流量	-98.8	-63.8	130.7	32.4	-1.3	5.4	24.3	1.5
自有資本率 (%)	24.1	20.8	37.8	32.8	26.1	20.3	34.4	29.8
資本額	469.3	257.5	333.7	333.7	781.3	862.9	728.9	726.7
每股淨值 (元)	6.03	9.10	15.02	12.20	5.80	3.40	6.16	4.60
董監事持股 (%)	42.10		71.09		4.67		12.20	
最大股東	南亞 (37.79%)		南科 (35.37%)		黃崇仁 (2.01%)		茂矽 (8.85%)	
董監質押比率 %	0		49.91		45.14		83.13	

資料來源：公開資訊觀測站與神乎科技資料檔。

註 1：短期融資包括流動負債項下的短期借款與一年到期的長期負債。

註 2：董監持股資料截止 2009 年 8 月。

註 3：茂德 08 年底與 09 年 2Q 的短期融資餘額差異如此大，主要是茂德與往來銀行融資契約規定，若各項財務比率如流動與負債比率等，最近兩期的年底與半年期報表比率無法達到契約規定，即屬違約。茂德在 08 年 12 月就銀行借款申請紓困，因作業無法在年底完成，致 08 年底依規定必須將長期借款視為短期入帳，在 09 年完成疏困作業後，才將該等借款從流動負債移出，視作長期負債。

集團的南科與華亞科為弱，而茂德又不如力晶。很明顯，南科與華亞科的短期融資壓力較小，且其董監事高持股比率在市況低迷之際，充分發揮中流砥柱重要角色。因此，即使南科因每股淨值低於 5 元被打入全額交割股（主要背負華亞科虧損），也能夠快速在股東會通過減資與大額增資，可望儘速重返正常交易行列。比較起來，力晶與茂德就顯得孤單落寞，沒有富爸爸當靠山，處在景氣寒冬確實甚為不利。

另由表 17-2，近三年四家公司獲利由高峰急速下降，比較它們的 EPS 與年度股票平均價，可以發現四家強弱關係是：華亞科 > 南科 > 力晶 > 茂德，誠如前面 CB 評估原則所述，茂德與力晶的股價長期弱勢凸顯了管理當局應變危局的能力。

表 17-2　台灣 DRAM 公司近年獲利與股價資料比較表

單位：新台幣元

	南科 2408		華亞科 3474		力晶 5346		茂德 5387	
	EPS	平均價	EPS	平均價	EPS	平均價	EPS	平均價
2006	4.55	21.65	5.43	34.56	4.48	20.90	2.64	12.62
2007	-2.89	24.94	0.28	36.60	-1.6	18.08	-1.11	11.53
2008	-7.86	12.48	-6.52	17.09	-7.42	8.22	-5.24	5.23
2009/2Q	-8.06	6.40	-2.83	14.04	-2.32	4.04	-1.51	1.29

資料來源：公開資訊觀測站與神乎科技公司

註：2009 年的平均價按月計算至 6 月 30 日。

案例分析（二）：鴻海（2317）充分享受發行轉換公司債的好處

鴻海長期累積的卓越經營績效有目共睹，這些優良成績反應在募集資金上更是眾所矚目，基本上投資人要立即從其發行證券或債券拿到好處，並不容易。這也說明愈是身強力壯的績優股，其經營者與財務主管愈是精明能幹。

從下表 17-3，鴻海於 2006 年 11 月 10 日發行新台幣 180 億元、5 年到期的轉換公司債可完全驗證。從發行時機看，鴻海選在 2006 年股市多頭階段發行相當有利，首先是取得票面利率為零的好處，充分享受 5 年免息的長期融資（假設 5 年都沒轉換而到期贖回）。其次是轉換價格溢價發行（發行時轉換價格高達 316.55 元），使得持有者無法立即轉換，即使有轉換利益（即市價已高於轉換價格）進行轉換，也可以創造股東權益的高附加價值（即每股轉換價格中股本僅增加 10 元，其餘皆屬於資本公積）。

表 17-3　鴻海公司 2006 年發行的轉換公司債資料表

單位：新台幣元

公司債種類		第一次 (95-1 期) 國內無擔保轉換公司債		
項目 / 年度		2007	2008	2009 截至 2/28
轉換公司債市價	最高	112.50	105.90	98.95
	最低	100.40	94.50	97.50
	平均價	104.90	97.89	98.37
轉換價格 (註)		252.95	210.59	210.59
履行轉換義務方式		發行新股	發行新股	發行新股

資料來源：鴻海公司 2008 年年報。

註：本次轉換公司債發行日期為 2006 年 11 月 10 日，發行時轉換價格為 316.55 元。

雖然轉換價格 09 年 6 月 8 日因除權已調降為 182.01 元，不過距離市價仍有一段差幅（8/31 收盤價 111 元），顯然的，該筆轉換債短期內並無轉換價值（8/31 盤價 99.9 元），而觀察轉換債近年狹幅的市價表現確實也說明它是清湯如水，甜頭很少。即使如此，08 年持有它的投資人卻避免了普通股大跌的風險，例如在 08 年上半年 150 元買了普通股，當年鴻海股價在 11 月最低跌至 52.6 元，跌幅高達 64.9%，但比較轉換債 08 年高低價差幅僅 10.7%。從這充分顯示鴻海可轉債抗跌防禦本色，相較於茂德（5387）、歌林（1606）可轉債因公司財務困境而喪失價值，更加凸顯可轉債與企業財務安全緊密契合的重要性。

第十八章

特別股給特別的企業？

中鋼特別股轉換頗為靈活

2009年6月19日中鋼（2002）股東會結束後，隨即召開董事會，會中通過持有台灣高鐵（2633）可轉換特別股6.0537億股轉換為普通股。轉換的主要原因是依獎勵民間參與交通建設條例第33條規定，持有特別股滿兩年，得以取得股票價款20%限度內，抵減當年度應納所得稅額。另外，董事會中也決議將持有中龍甲種及乙種特別股共1.8億股轉換為普通股，中龍前身為桂裕企業（2019），2000年因掏空事件出現財務危機而於2001年下市，後來經法院裁定重整，所以辦理減資及再增資引進新資金，中鋼目前持股便是在當時取得。中鋼持有中龍特別股因階段性任務重整計畫已完成，且中鋼目前持有中龍股權為百分之百，為簡化管理，董事會決議通過全數特別股轉換為普通股。（註1）

特別股的發行條件很特別

由前述中鋼董事會決議特別股轉換普通股案例，其一是為節省稅負，其二是簡化股權管理，特別股還真的很特別。一般而言，公司發行之股票可分為普通股與特別股，享有一般之股東權利者稱為普通股，享有特殊權利、或某些權利受到限制者是為特別股。簡而言之，所謂特別股就是指它的股東權利，如股息紅利分配請求權、剩餘財產分配請求權或表決權等權利內容與普通股有差別，所以發行特別股的目的是為限制特別股股東的權利行使。特別股除了有轉換權之外，還有許多名堂，我們將市場比較熱門的種類列示如下：

註1：參考中鋼重大訊息及鉅亨網資訊。

1. **累積特別股**：發行公司於無盈餘年度未發放之股息，或盈餘不足未發放之股息，須於日後有盈餘年度補發，此補發股息之計算又可分為單利與複利兩種。
2. **非累積特別股**：發行公司於無盈餘年度未發放之股息，或盈餘不足未發放之股息，無須於日後有盈餘年度補發。
3. **附轉換權利特別股**：具有轉換為普通股之權利，故此類特別股之評價將與普通股股價有極高相關性，惟目前主管機關對轉換權有至少應於發行滿三年後始得轉換為普通股的限制。

另外還有一類叫永續特別股，指無到期、轉換、買回、賣回等停止存續之特別股。不過市場幾乎沒有公司發行。目前台灣市場比較多見的是同時具有累積或非累積的附轉換權特別股，即綜合前述三種類型。

此外，如後附和大工業（1536）案例（P.239），特別股還有以下相關的權利義務：

1. 參與普通股盈餘分派之權利：可分為參加與非參加兩種，目前台灣上市公司已發行之特別股多為非參加特別股，僅少數如國喬特（1312A）為全部參加特別股。
2. 剩餘財產分配權：按個別公司章程規定是否較普通股股東享有優先之剩餘財產分配權，若具有優先財產分配權則以不超過發行金額為限。
3. 現金增資認購權：依公司法二六七條第三項規定，公司發行新股時原股東有認購權，準此特別股股東享有新股發行認購的權利。
4. 表決權、選舉權與被選舉權：特別股股東的表決權與選舉權也是按各公司章程的規定，目前台灣市場特別股多規定無表決權與選舉權，惟被選舉權不得加以限制。

特別股發行目的各有所需

由前述說明，可以發現特別股其實具有似債亦股特質，我們按其發行的條件稱呼它為「變形公司債」或「變形普通股」並不為過。當特別股還沒轉換成普通股時，若僅按發行條件領取股息，的確有債的性質，一旦轉換為普通股其權利義務則完全改變。程度上它與可轉換公司債類似，只是特別股不似轉換公司債在轉換之前會提高負債比率，它一直黏在股東權益項下可改善財務結構。由此觀之，發行特別股的目的不外有下列三項：

1. 需要資金，且想改善財務結構，但原普通股股東不願立即出讓經營權。
2. 需要資金，原股東願意出讓部分經營權，特別股股東可以被選為董監事。
3. 引進策略投資者，為業務發展建立合作關係，再伺機轉成普通股股東。

由於特別股發行股數佔普通股股數（面額都是 10 元）比例小，且本質上評價與普通股雷同，為免獨立掛牌造成投機炒籌碼氣氛（過往層出不窮），目前主管機關已限制其掛牌條件，時下特別股掛牌的如中鋼特、國喬特等都是多年前留下來的產物，現今我們看到的特別股幾乎都附上轉換普通股權利或公司屆期買回的權利，而且許多個案是以私募方式進行。

如何參與特別股的投資，筆者建議如下：

1. 仔細閱讀公司章程有關特別股的發行條件，基本上有累積優先保證股息、參加普通股盈餘分配權、及具轉換權利者為最佳。
2. 特別股受制於流動性且存在長期投資特質，必須審慎評估發行公司的財務安全性及獲利性。
3. 注意發行公司的股利政策，有些公司發行的特別股條件不錯，但公司歷年有賺錢卻不配發股利（如國喬 1312），致特別股一點都不特別。
4. 正常情況，特別股長期平均價格皆會大於普通股均價，若特別股溢價幅度已超逾其優先配息幅度，那麼特別股也將失去特別性。

學習心得

1. 發行特別股可以改善財務結構又可能暫時避免流失經營權，可謂一舉兩得。
2. 累積優先且具轉換權的特別股，其似債亦股的財務設計是目前私募市場的熱門商品。

案例分析（一）：台灣高鐵（2633）的特別股真的很特別

台灣高鐵目前雖然不是上市（櫃）公司而在興櫃市場掛牌交易，不過它堪稱是台灣股市最懂得特別股發行門道的公司。如表 18-1，截止 2008 年它的股本結構中，特別股經過部分轉換後仍高達有 463 億元之多，與普通股 589 億元相差無幾。該公司之所以會在 2003-2005 年大量發行特別股，而且具有優先累積股息、轉換權利、及被選舉董監經營權，其主要理由有二，其一是原股東

表 18-1　台灣高鐵 2008 年股本有關資訊一覽表　單位：新台幣千元

股　本	金　額	
普通股		**58,978,626**
特別股		
甲種記名式可轉換特別股	26,060,000	
乙種記名式可轉換特別股	1,340,495	
丙種記名式可轉換特別股	18,943,122	**46,343,617**
股本合計		105,322,243
普通股每股淨值 (元)		**-2.84**
普通股每股盈餘 (元)		**-4.58**

資料來源：該公司年報。

與潛在投資人預期開始營運後不易賺錢且尚有累積虧損，普通股投資很難有回報，非要投資則寧可選擇有保障股息的特別股；其二是發行特別股較可轉換公司債更能改善財務結構。雖然決策正確，但看看截止 2008 年的普通股每股淨值已為負值 -2.84 元，如果營運沒有起色，台灣高鐵經營高層勢必尋求政府紓困一途，以能解決其財務困境。

表 18-2　台灣高鐵 (2633) 甲、乙種記名式可轉換特別股內容簡表

項　目	內　容
發行年度	皆為 2003 年
面額	每股 10 元
發行價格	每股 10 元
總額	甲種：269 億元；乙種：13.42 億元
權利義務事項	
轉換權利	持有滿三年後可申請 1：1 轉換為普通股
股息及紅利分派	股息率為年利率 5%，按面額計算

剩餘財產之分派	優於普通股，但不超過特別股票面金額為限
表決權行使	無表決權
其他	1. 本特別股除領取特別股股息外，不得參加普通股盈餘和資本公積分派。特別股股東轉換年度不得享受當年度特別股股息(次年度發放之當年度股息)，但得參與當年度普通股盈餘及資本公積之分派。 2. 無選舉董事、監察人之權利；但得被選舉為董事或監察人。 3. 本公司以現金發行新股時，特別股股東與普通股股東有相同的優先認股權。
發行條件對現有股東權益影響	特別股未轉換成普通股前，盈餘須優先分派特別股股息後，方得分派普通股股息；若特別股轉換成普通股，普通股之每股盈餘及表決權都將被稀釋，稀釋程度將視轉換成普通股之股數而定。

資料來源：該公司年報。

註：台灣高鐵 2004-2005 年，另有發行丙種記名式可轉換特別股共 9 次，其發行金額共 268.59 億元，發行條件主要差異有二點，其一發行價格每股 9.3 元；其二股息率前二年年利率 9.5%，後兩年年利率為 0，依發行價格計算。

案例分析（二）：中鋼（2002）普通股與特別股的投資價值分析

眾所周知，中鋼是台股的績優模範生，從筆者收集資料得知 20 年來它從未發生虧損，且都有豐富股利報酬。在此等績優下，讓我們比較特別股與普通股的投資價值。

首先看後附特別股的權利義務，顯然的它是累積優先、參加普通股盈餘分配、具轉換普通股 1：1 的權利。準此原則，我們觀察附表 18-3 普通股與特別股的近三年股利分配，在豐富獲利下它們三年來的股利都相同，分別為 1.73 元、3.8 元、3.08 元，然而它們最近半年、一年、二年的股票平均價價差卻分別達到了

表 18-3　中鋼 2006-2008 年普通股與特別股股利分配及股價表現比較表

股本 / 股利		2008	2007	2006
普通股	現金股利 (元)	1.3	3.5	2.78
	股票股利 (元)	0.43	0.3	0.3
	合計	**1.73**	**3.8**	**3.08**
普通股 09 年 8/31 之前的 6 個月、一年、二年平均價為：**27.52 元**、**28.33 元**、**37.35 元**				
特別股	現金股利 (元)	1.3	3.5	2.78
	股票股利 (元)	0.43	0.3	0.3
	合計	**1.73**	**3.8**	**3.08**
特別股 09 年 8/31 之前的 6 個月、一年、二年平均價為：**33.86 元**、**35.48 元**、**40.42 元**				

資料來源：該公司年報與神乎科技資料檔。

6.34 元、7.15 元、3.07 元，在轉換比例是 1：1 之下，是否意味了特別股的投資成本墊高了。換言之，在進行長期投資時，既然中鋼穩賺不賠形成常態，是否有必要付出更多成本投資特別股，這點是值得投資人考量之處。

也許讀者會問，在哪種情況下特別股才較普通股實惠，筆者看法是在中鋼出現年度虧損，或者年度盈餘僅夠分派特別股息（約 6 千萬），而且普通股與特別股股價差幅在 1.4 元以內。例如 2009 年底預估當年中鋼將發生虧損（上半年虧 64.5 億元）或僅小賺約 6 千萬元，假設屆時普通股價格 19 元，只要特別股在 20.4 元以下就是絕對有利的長期投資價位。另外，從表 18-3 兩者的短中長期價差比較，可以發現當市場下跌時，如 08 年中至 09 年初，特別股因冷門而相對抗跌，致半年與一年的股票均價價差拉大；反之如二年的股票均價價差因包含大多頭行情，所以縮小至3.07元（40.42元－37.35元）。

依照中鋼公司章程，特別股之權利及義務如下：

1. 特別股股息優先於普通股股息之分派，股息為面額之14%，餘提撥0.15%為董監事酬勞及8%為員工紅利，並按面額14%分派普通股紅利，若尚有可分派之盈餘，按特別股及普通股股東持有股份比例再分派紅利。
2. 本公司如某一年度無盈餘，或盈餘不足分派特別股股息，上述應優先分派而未分派之特別股股息，應累積於以後年度有盈餘時儘先補足之。
3. 特別股分派公司剩餘財產之順序及比例與普通股同。
4. 特別股股東於股東會有表決權、無選舉權，但可被選舉為董事或監察人之權利，其他權利義務與普通股之股東同。
5. 本公司發行之特別股得以盈餘或發行新股所得之股款收回之。
6. 特別股之股東得隨時請求特別股按1：1轉換為普通股。

附表　(1536) 和大工業：公告董事會私募特別股定價

1. 董事會決議日期：98/07/07
2. 私募資金來源：依證券交易法第43條之6相關規定辦理
3. 私募股數：15,780,000股
4. 每股面額：10.00
5. 私募總金額：102,570,000元
6. 私募價格：6.50
7. 員工認購股數：不適用
8. 原股東認購股數：不適用

9. 本次私募新股之權利義務：
   (1) 特別股股息：本特別股股息訂為年利率八%，依實際發行價格計算。股息每年以現金一次發放，於每年股東常會承認財務報表後，於董事會訂定基準日支付前一年度應發放之股息。各年度股息按當年度實際發行日數計算發放之，發行日為特別股之增資基準日。若年度決算無盈餘或盈餘不足分派特別股股息時，其未分派或分派不足額之特別股股息，累積於以後年度補足或發放。本特別股自轉換成普通股之日或收回之日起，即停止累積股息。
   (2) 特別股股利：本特別股除領取特別股股息外，不得參與普通股關於盈餘及資本公積分派。
   (3) 賸餘財產分派：本特別股分派本公司賸餘財產之順序優於普通股，但以不超過特別股發行金額為限。
   (4) 特別股股東於普通股股東會無表決權，亦無選舉董事、監察人之權利；但得被選舉為董事或監察人。
   (5) 本公司以現金發行新股時，特別股與普通股股東有相同之優先認股權。
   (6) 丁種特別股轉換後之普通股，權利義務除法令另有限制外，與原發行之普通股之權利義務相同。
10. 本次私募資金用途：償還銀行借款及贖回轉換公司債。
11. 附有轉換、交換或認股者，其換股基準日：本特別股發行滿三年翌日起至期滿前均得辦理轉換普通股，若五年到期時，未轉換之丁種可轉換特別股應全數一次轉換為普通股。換股比例為一股丁種特別股換一股普通股，惟於除權（息）基準日前轉換成普通股之當年度不得參與分派轉換當年度特別股股息，但得參與普通股盈餘及資本公積之分派。
12. 附有轉換、交換或認股者，對股權可能稀釋情形：此次私募數額達實收資本額比例約 8.30%。
13. 其他應敘明事項：本特別股發行滿三年翌日起，公司得依照法令按發行價格分一次或多次贖回本特別股發行金額之 50%。

資料來源：公開資訊觀測站。

第十九章

企業減資的甘與苦

聯電世紀大減資股價不升反減

2007 年元月 23 日上市公司聯電（2303）董事會宣佈，將在當年股東會通過後辦理減資 593.93 億元，減資比率達到 30.28%，每股退回給股東 3 元。聯電在當年第四季順利的完成減資作業，新股並於 10 月 9 日掛牌上市，實收資本額由 1,895 億元大幅下降至 1,312 億元。聯電的大額現金減資堪稱是台灣股市之最，每股退回現金 3 元宛如二次豐厚派息，不過聯電大額減資後，股價在反除權拉高後，長線卻疲弱不振，在 2008 年金融風暴中甚至還跌落在票面 10 元以下。為何減資瘦身無法讓公司價值提升，的確令人好奇企業減資的甘與苦。

如表 19-1，我們發現減資是成熟市場的特色，它是對應不斷增資後出現的必然回饋過程，它清楚寫實的告訴公司上下與眾多股東們，企業面臨成長瓶頸或是虧損累累情況，必須用資本減除方式來改變或改造公司的現況。過去我們曾享受到增資的好處，也許現在或未來必須為過去累積的大額資本來減肥壯身，不管是瘦身復活或還財於民，減資確實存在著反躬自省的味道。

表 19-1　增資與減資方案比較表

	增　資	減　資
主要方案	現金增資；盈餘與公積增資。	現金減資；虧損減資。
流行階段	資本市場成長期。	資本市場成熟期。
發生原因	籌募與保留現金供擴展之需。	現金減資主為股東之需；虧損減資主為保殼之用。
股權變化	現增原股權被稀釋，盈資轉不變。	持股數減少但持股率不變。
股價變化	除權時價格下降。	價格上漲。
財報影響	厚實財務狀況，但 EPS 與 ROE 可能下降。	財務狀況影響有限，EPS 與 ROE 可能上升。

減資模式多樣且各有所長

一般而言，企業減資的模式主要有兩種，其一是現金減資，即按持有股數每股退回一定額度現金，同時銷除對等數量的股份，帳上係將庫存現金與實收資本對沖縮減；其二是虧損減資，則是減除一定比例的實收資本以彌補累積虧損，這僅在股東權益項下做增減調整。另外，庫藏股買回註銷也屬資本的減除，它與前述現金減資類似，即企業以自有資金從市場買回股份辦理資本減除，差別在於原股東並無收到現金。

從股東面觀察，正常情況，現金與虧損減資這兩模式並不會改變原股東的持股比率，即減資後係以較少股份擁有如減資前的持股權益。不過虧損減資的公司，有可能在減資後辦理策略性現金增資引進新股東，如此原持股比率將遭到稀釋。另外，庫藏股的註銷會讓原持股比率因減除股份而增加。值得一提的是，現金減資退回的股金無須課稅，而現金股利卻要稅負，難怪有些投資人對現金減資趨之若鶩。

從前述觀之，資本減除若是屬於現金減資或是庫藏股註銷，只要公司仍然正常發展，其對股東是有甘沒苦。

從財務結構面分析，現金減資因同時降低流動資產與股東權益，將弱化償債能力，及增加負債比率，惟有能力辦理現金減資的公司，通常其現金流量與存量誠屬豐富，因此財務狀況尚不致惡化。至於虧損減資，由於是資本與累積虧損對沖抵銷，減資對其財務結構毫無影響，不過這類公司因長期經營不善，其財務狀況已屬不佳，減資最大效益是為了保殼，即避免被變更交易。另外，這兩種減資模式與庫藏股有共同特色，皆會增加每股淨值及減少股票流通數量，且未來若營運起色也將提升股東權益報酬率（ROE）與每股盈餘（EPS）。

虧損減資首重保殼其次募資

通常，上市櫃公司減資目的主要有下列三項，第一是讓每股淨值維持在 5 元以上（註：證交所營業細則 49 條第 1 項規定）以避免被主管機關變更交易（指虧損減資）；第二是帳上擁有充裕資金但本業成長速度受限，致減資退回給大股東另做發展用途（指現金減資）；第三是因應過去增資頻率過度，減除股份以能提高每股盈餘能力，期望增加股價市值（指現金減資與庫藏股註銷）。這三項目的歸納起來不外是「三為」，為保殼、為股東、及為市值，雖然各有所為，但實質意義卻有不同。

從市場經驗分析，企業進行虧損減資主要係為保殼，其次是為募資。保殼與募資是前後並行的救亡圖存計畫，通常，經營者若能透過減資讓股票維持正常交易，代表仍存有復活再生的企圖，願意承擔苦楚奮力往前，否則長期淪落在全額交割類股，不僅被市場定位為危機公司，且不易再現生機。虧損減資的時機應該選擇在每股淨值低於 5 元之前辦理，這更能表達管理者不願被貼上問題公司標籤的決心，同時對新的募資計畫會相對有利。所謂防患未然，企業若無法避免虧損減資，就該面對它處理它，苦中作樂愈早動作愈好，如果掉進全額交割類股再慢慢辦理，按筆者研究危機公司的經驗：減資容易募資難（私募價格遭嚴重折價），復活容易（回正常交易）再生難（指健康體質）。

現金減資有明顯經濟價值

至於「為股東」和「為市值」，主要是衝著現金減資而來，若在景氣低迷市場不振之際，這確實令人稱羨欣喜。一般而言，這種策略減資包含了以下四種元素：

1. 財務健全：主要在於公司的資金存量與流量相當充裕。
2. 股本過重：造因以前年度增資次數與額度過量。
3. 成長放緩：企業生命週期達到成熟期，無需再大額投資本業。
4. 股東需金：董監大股東想回收資本金以利個別投資需求。

觀乎台灣近年來現金減資或大額實施庫藏股（變相減資）的公司，例如近兩年的市場代表案例：中華電、聯電、台積電、晶華、瑞昱、凌陽、光寶科、友訊、及昆盈等，前述四項因子都隱約可見。其實企業若能在客觀合理情境下進行減資退回股金，它的效益宛如央行釋金，將創造貨幣供給的乘數效應，亦即當大小股東取得股金時，不管進行再投資或消費皆有助經濟環境的活絡。另外，完成減資退金時還能因股票流通數量受到抑制而有利股價未來的正面發展。所以，不少穩健投資者將現金減資公司視為年度二次派息而勇於投入。

學習心得

1. 虧損減資像是入院動手術，現金減資則是出外做運動，兩者有天壤之別。
2. 虧損減資是苦差事，經營者學習如何預防虧損遠比如何治療虧損還重要。

3. 現金減資雖有二次派息誘因，惟長期而言未必能提升公司價值。

案例分析（一）：旺宏電子（2337）虧損減資提早因應終究有成

旺宏是屬IC製造遊戲機產業的一環，主要產品為ROM與NOR Flash，其最重要客戶為日本任天堂公司。由於多年產業環境不佳，截至2005年底帳上累積虧損達到213億元，如表19-2，當年底每股淨值僅剩下5.72元，如果沒有在05年大虧年度提出虧損減資計畫，很可能在2006年就會面臨變更交易命運（其06年1、2季仍然虧損）。由於旺宏管理團隊判斷得當，提早於05年8月即提出大額虧損減資208億元，減資幅度高達41.63%，並於06年2月完成減資登記。由於因應適當，每股淨值在06年第一季即回到9.93元，加上景氣在06年下半年回春，讓本屬不錯的財務狀況更為健全，從其歷年負債比率及近年穩健獲利，可以了解管理者在虧損年度的堅定企圖。

如果旺宏管理者不辦理虧損減資，或許也能撐過變更交易，但是按公司法232條規定，公司非彌補虧損後不得分派股息。為能讓轉虧為盈年度適時派發股息，先行切除虧損腫瘤有其必要性與可行性。旺宏避免全額交割而先行下手的減資策略，的確值得上市櫃公司管理者探究。

旺宏案例如同中華航空（2610）於2009年第一季宣佈大幅減資149億元，減資比率30.66%。華航2008年大虧323億元（EPS-7.11元），每股淨值09年第一季剩下6.36元，如果不未雨綢繆辦理減增資，營運與財務更可能每況愈下。

表 19-2　旺宏電子 04-08 年財務資料一覽表　　單位：新台幣百萬元

項目 / 年度	2008	2007	2006	2005	2004
營業收入	23,257	24,304	22,791	18,567	22,950
稅後淨利	4,514	4,654	2,034	-7,027	218
期末資本	**31,263**	**30,602**	**29,162**	**49,953**	**50,353**
每股淨值 (元)	**11.81**	**11.79**	**10.70**	**5.72**	**6.82**
負債比率 (%)	13.7	17.1	19.7	34.7	34.5
股票均價 (元)	12.79	18.16	8.30	4.86	9.55

資料來源：公開資訊觀測站、股市總覽。
註 1：2005 年辦理庫藏股 4 億元註銷，2006 年 2 月完成減資 207.94 億元。
註 2：2008 年財務資訊係公司自結數。
註 3：旺宏股價在 2005 年 9 月曾來到歷史最低價 2.98 元。

案例分析（二）：中華電信（2412）現金減資為股東又為市值

中華電信的主營業務包括固網通訊、行動通訊、與網際網路數據通信服務等三大業務，是台灣規模最大的軟硬體電信服務公司。中華電於 2000 年改制後申請上市掛牌，並在 2005 年 8 月完成民營化（官股持股降至 50% 以下，實際仍由政府掌控）。它的財務特色是現金流量與存量相當豐沛、零負債經營、每股淨值高（受惠當初改制為股份公司，股票溢價發行累積大額資本公積）、及歷年現金股利多。此由表 19-3 可略窺一二。

中華電信是現金減資的代表性公司，它主要是將各項股權策略集合運作，充分展現了高明的財務戰略。中華電現金減資的目的兼顧了為股東的資金需求，及為市值的股價表現，它的操作步驟是：

1. 鎖定大額資本公積逐年轉增資。按公司法 239、241 條規定，將溢價資本公積定期定額轉入股本。
2. 為不影響每股盈餘被稀釋，同時進行相對金額減資，例如 07 年 96.67 億元的增減資，及 08 年 205.05 億元的增資與 11 億元庫藏股減資，和 09 年 3 月的 191.15 億元現金減資。
3. 製造高現金股息、多次現金減資（免課稅）、與不減少持股數量的高殖利率雙峰題材，讓投資者對中華電有長期投資偏好，以利股價優良表現。

觀察表 19-3 歷年來股票年均價概況，確實與增減資策略相得益彰。中華電得天獨厚有質優的基本面當靠山，如果未來年度持

表 19-3　中華電信近年來增減資財務資料一覽表

單位：新台幣百萬元

項目 / 年度	2008	2007	2006	2005
稅後淨利	45,330	48,249	44,891	47,653
每股盈餘 (元)	3.90	4.99	4.64	4.94
期末資本	**116,083**	**96,678**	**96,678**	**96,477**
資本公積 - 溢價	**179,193**	**200,592**	**210,260**	**214,529**
每股淨值 (元)	40.47	40.86	41.38	42.18
帳上現金	98,976	74,752	70,639	41,890
現金減資	-	9,667	-	-
庫藏股減資	1,100	-	1,920	-
盈餘公積增資	20,505	9,667	2,121	-
股票均價 (元)	69.71	60.82	58.06	60.85

資料來源：公開資訊觀測站、股市總覽。

註 1：09 年 3 月現金減資 19,115 百萬，減資比率 16.46%。

註 2：08 年全年淨利、EPS、與期末股本取自公司重大訊息，其餘項目為第三季財報資料。

續進行此雙峰題材，相信仍會吸引眾多投資者跟隨。不過，實值上要藉減資提高每股盈餘和淨值報酬率應該有限，因為股本一增一減，不動如山。

案例分析（三）：聯電與台積電的瘦身減資大行動

如表 19-4，這兩家晶圓雙雄的實收資本一直都是台灣資本市場的一二名，且絕大部分是歷年盈資轉增資所累積，聯電的資本在 2005 年來到最高 1,979 億元，而台積電則在 2007 年爬到最高峰 2,643 億元。由於資本龐大無法提昇每股盈餘與淨值，間接影響公司價值表現，又因為它們倆歷年來製造了豐沛現金存量與流量，因此，三年來積極運用庫藏股與現金減資進行資本瘦身，其中聯電 07 年約 574 億元的 30% 現金大減資創台灣資本市場最高紀錄，而台積電利用庫藏股回購大股東荷蘭飛利浦公司股權並辦理註銷，耗費資金也是市場之最。

表 19-4　聯電與台積電近四年財務資訊概況比較表

單位：新台幣億元，%

年度	現金與約當現金		實收資本		每股淨值（元）		股票年均價（元）	
公司	聯電	台積電	聯電	台積電	聯電	台積電	聯電	台積電
2005	966	854	1,979	2,473	13.05	18.04	20.2	55.4
2006	834	1,001	1,913	2,583	15.22	19.67	19.4	61.4
2007	375	724	1,321	2,643	18.90	18.43	19.7	65.2
2008	361	1,382	1,298	2,562	14.21	18.50	13.8	56.5

資料來源：公開資訊觀測站、股市總覽。

如表 19-5，兩家公司分別累計耗資 893 億元與 788 億元進行減資，合計減除的股數高達 89 億股餘，這些股數都是過去無償配股的增資股，這種資本大增大減的財務策略有其背景因素，而且為股東與為市值的減資目的也非常明顯。雖然，這兩家多金公司仍有本錢繼續操作減資題材（台積電更有條件），不過減資消耗資金也相當可觀（如聯電），如果經常減資，獲利卻寡足不前，將會抵銷減資效益。長期而言，減資提昇公司價值的手段仍取決於本業績效，而非減資本身。看來企業「還財於民」的現金減資還有中長期的重責大任呢！

表 19-5　聯電與台積電近三年庫藏股與減資概況比較表

單位：新台幣百萬，%

	時間	股數（千股）	金額	每股成本（元）	買回目的	佔股本比率
聯電(2303)	2006/02	1,000,000	19,645	19.65	註銷	5.05
	2006/05	400,000	7,648	19.12	轉讓	2.12
	2007/01	**5,739,300**	**57,393**	**3.0(註)**	**現金減資**	**30.28**
	2008/08	200,000	2,278	11.39	註銷	1.51
	2008/12	300,000	2,393	7.98	轉讓	2.22
小計		7,639,300	**89,357**			
台積電(2330)	2007/11	800,000	48,466	60.58	註銷	3.03
	2008/05	216,674	13,927	64.28	註銷	0.85
	2008/08	278,875	16,499	59.17	註銷	1.07
小計		1,295,549	**78,892**			

資料來源：公開資訊觀測站。

註：表示聯電減資每股退回 3 元，及減資股數佔當時資本額的 30.28%。

第二十章

庫藏股是錦囊妙計還是護盤工具？

庫藏股的決策動機很多樣

曾經在上課時和同學聊到庫藏股的話題，問起如果您是公司實施庫藏股的決策者，在哪種情境下，您會採取行動。第一位回答的同學說：當股價受非基本面因素而嚴重下跌，且將伺機轉讓給員工；第二位同學回答說：如第一位所述加上跌破淨值時為實施良機；第三位說：協助做為大股東策略性釋股潛在賣壓的工具，並辦理股份註銷；另有一位則說：巴菲特（Warren Buffett）說庫藏股對長線股東可增加市值，是另一變相股利可將股息擇機移用；最後一位說：如果公司好就不一定要做，如果不好，做了也沒用浪費銀兩。到底庫藏股是錦囊妙計還是護盤工具，從同學所述已有簡單答案。

庫藏股屬股權的日落計畫

庫藏股（Treasury Stock；或稱股票回購）簡單的說，就是公司將已經發行出去的股票，從市場中買回以做為特定功能之用途。它的特性和未發行的股票類似，在未轉讓前除了沒有投票權或是分配股利的權利外，亦不得提供質押，公司解散時也不能變現（註 1）。按台灣目前實施的庫藏股制度係在 2000 年 6 月底立法通過，並訂定相關的管理辦法與施行規定，其中有關買回的主要目的有下列三項：

1. 轉讓股份予員工。

註 1：依目前證交法規定，上市（櫃）公司買回已流通在外股份，不得超過公司已發行股份總數的 10%；買回總金額不得超過公司保留盈餘加計發行股份溢價及已實現資本公積之金額。

2. 配合附認股權公司債、附認股權特別股、可轉換公司債、可轉換特別股或認股權憑證之發行，做為股權轉換之用。
3. 為維護公司信用及股東權益所必要而買回，並辦理銷除股份者。

事實上，庫藏股在上市櫃公司的股權財務戰略中扮演著極為重要的角色。一般而言，上市上櫃公司 IPO 計畫、現金增資、無償配股股息政策、及購併運作等是屬於公司的股權積極成長方案，這些股權擴張的財務戰略可以稱呼「日出成長計畫」。相對的，實施庫藏股、減資運作、及現金股息政策等則是屬於公司的股權穩健成熟方案，這部分股權收縮戰略可以歸納為「日落成熟計畫」。日出計畫象徵股本與業績蒸蒸日上，公司希望無窮，不過要做好規劃以免往後股本大而不當；日落計畫則表示股本與業績已經成熟，必須審慎穩重看待股本膨脹問題，才不致年邁色衰。

實施庫藏股的偏差行為

嚴謹的看，庫藏股是上市公司很重要的財務決策，因為它與公司的股本變化、資金運用和股價漲跌存在著緊密關係，由此決策可以觀察管理高層是否出現決策的偏差行為，如果偏差過度甚至是財務危機爆發的因素。一般而言，庫藏股的潛在偏差行為有下列四點。

一、欠缺實施的正當性：

實施庫藏股應有充分支持的理由，而不是一窩蜂的尾隨。除非是市場發生重大波動導致股價非理性下跌重挫，且與優良基本面出現嚴重脫鉤，否則習慣成自然後，庫藏股會經常被當做不可或缺的護盤工具，長期而言不利公司形象與營運。

二、財力不足仍勉強執行：

執行庫藏股需要具備充裕財務實力及瞭解股價合理性，如果財力不足仍要融資強行完成，早晚都會自食惡果，不僅財務狀況變差，大股東亦存在公器私用嫌疑，甚至股價高檔套牢還可能引爆財務危機。例如 2008 年 2 月發生的遠東航空財務危機，重要原因即是過度耗用資金高價套牢在庫藏股所致。

三、刻意操作實施項目：

即買回股份原是為轉讓員工之用途，因買回價格高檔套牢而在法定時間內（註：在實施完畢後兩個月內可經董事 2/3 出席過半同意後變更目的），轉換名目改做銷除股份，或庫藏股有價差時由銷除股份改為轉讓員工，如此反覆運作將讓人懷疑董事會的圖利行為與管理能力。

四、增股與縮股前呼後應：

這點是目前台灣最常見的狀況，即不少公司在當年或前後年度一面買回股票，另一方面又進行無償配股（包括員工分紅股票）釋出股票，如此一增一減並無法發揮庫藏股銷除對每股盈餘的貢獻，反而浪費資金或將侵蝕公司財務狀況。

前述庫藏股的潛在偏差行為雖然短期內不足以威脅公司財務狀況，甚至其股價還有短線上漲效果，不過當普遍的公司管理當局只是將庫藏股視做護盤工具，而忽略前述行為偏差產生的後遺症，即資金是否過度消耗與資金成本是否太高而損及公司未來經營績效，那麼它的功能性就值得檢討，畢竟庫藏股的資金流出不是投資活動，其對公司獲利能力並無直接增長效果。因此，在觀察公司實施庫藏股時，我們應多注意公司是否有下列負面狀況：

1. 庫藏股實施頻繁且經常買賣庫藏股者。
2. 因實施庫藏股致負債增加財務狀況變差。
3. 股價長期在面額與淨值以下卻能實施庫藏股。
4. 實施庫藏股後股價仍然呈下跌趨勢者。
5. 一面實施庫藏股一面又不停的有償無償配股。

子公司持有母公司股票視同庫藏股

此外，值得一提的是上市（櫃）公司過去曾利用子公司取得母公司股票，以能掌握母公司的經營權或是為股價護盤目的。這項行動在台灣股市運用最徹底的首推聯電（2303），當年利用子公司迅捷投資公司大量取得聯電股票即是讓經營團隊牢牢控制聯電董事會（註 2）。後來開發金控（2883）也是如法泡製，以子或孫公司為新任經營團隊進行股權控制大計。直到主管機關發現此項作為有違公司治理原則，方於 2005 年 6 月修正公司法規定，子公司持有母公司股票視同庫藏股票處理原則（即第 30 號財務會計準則公報），凡持股超過 50% 之子公司，其持有母公司股票並無表決權，如此才杜絕有些股權槓桿過高公司的投機操作，而且也讓此資訊透明化必須在報表中揭露。所以，在資產負

註 2：迅捷投資公司本來為聯電 99.97% 持股的子公司，為因應表決權的限制，後來聯電轉讓迅捷股份給其關係人，截止 2008 年底聯電持股比率僅為 36.49%。

債表當中股東權益項目的庫藏股票，實際上包括公司從市場買回股票及子公司持有母公司股票的金額。例如台灣大（3045）截止2008年底，其庫藏股票金額與股數分別高達新台幣329.4億元及836,111千股，其中屬子公司持有的金額與股數即達到318.9億元與811,918千股（註3）。

子公司持有母公司股票並不值得鼓勵，除了浪費公司資源外，可能也存在著業外金融操作的偏差行為。上市（櫃）公司若一直無法改善此狀況，就好像公司經常實施庫藏股，並不是優良的投資標的。

學習心得

1. 庫藏股註銷可提高每股盈餘和淨值報酬率，惟應審慎評估資金流出效益。
2. 庫藏股的潛在行為偏差愈是明顯，其投資價值愈值得存疑。
3. 長期而言實施庫藏股次數愈多，愈可能被視為護盤工具且不利公司價值。
4. 庫藏股並非是績優公司的錦囊妙計，除非大股東有策略性釋股賣壓。

案例分析（一）：多家上市公司實施庫藏股的績效分析

台灣實施庫藏股至2009年7月已滿9年，統計截止2008年底上市公司實施兩次以上的家數有356家，達到了上市總家數的

註3：資料來源為台灣大(3045)財報及附註說明。另子公司持有母公司股票係因整合集團電信產業而產生，非因控制經營權而設計。

50%。基於股價是上市公司基本面的領先指標，筆者從這段期間上市公司實施次數與預計買回股數名列前茅者，觀察它們從首次到最後一次買回股數的長期股價漲跌變化，並和 09 年 6 月 30 日收盤價及 09 年第 1 季每股淨值比較，以此分析庫藏股是否為上市公司有效的護盤工具，或者是錦囊妙計？

如表 20-1，實施次數最多的前 8 名中，有 5 家公司長期股價為下跌趨勢，而前三名的中環、云辰、華邦電的長期股價更是每況愈下慘不忍睹。此說明實施次數愈多未必是股價的護盤工具，反而可能弄巧成拙浪費資源，讓公司價值走跌。

另外旺旺保、榮成、高林實三家股價趨勢雖有轉折向上，不過實質分析，旺旺保原來是友聯產險，它 06 年最後一次實施的股價是下跌趨勢，08 年被旺旺集團收購後更改名稱，股價異軍突起有其背景因素。另外，榮成與高林實兩家公司股價長期都在低

表 20-1　2000-2008 年庫藏股實施最多次數前八名分析表

單位：次數，元

公司	實施次數	首次實施時間及買回平均價格		末次實施時間及買回平均價格		2009/6/30 收盤價	2009/1Q 每股淨值
中環 (2323)	36	2000/10 月	**35.65**	2008/10 月	**4.42**	**7.09**	15.9
云辰 (2390)	23	2000/10 月	**63.09**	2008/10 月	**5.00**	**5.81**	12.2
華邦電 (2344)	19	2000/11 月	**31.21**	2008/9 月	**3.47**	**5.06**	9.6
旺旺保 (2816)	19	2000/11 月	**10.08**	2006/8 月	**5.34**	**25.40**	5.0
榮成 (1909)	18	2000/8 月	**5.71**	2008/12 月	**5.98**	**7.65**	15.8
光罩 (2338)	17	2000/10 月	**19.37**	2008/9 月	**11.86**	**11.70**	14.8
高林實 (2906)	17	2000/8 月	**6.99**	2008/9 月	**7.71**	**8.03**	14.0
華新 (1605)	16	2000/10 月	**16.18**	2008/9 月	**7.86**	**10.50**	17.4

資料來源：公開資訊觀測站及神乎科技資料庫。

檔，實施次數多僅能勉強股價不再下跌而已。

此外，這八家公司 09 年 6 月 30 日收盤價除了旺旺保外，皆較 09 年第 1 季每股淨值低，代表本業獲利能力長期受困，即使積極運用庫藏股也無濟於事。

再如表 20-2，這段期間預計買回股數最多的前五名公司，其中華新與華邦電為集團公司，且都出現在表 20-1 實施次數排行榜中，表示華新集團善用庫藏股為護盤工具，不過卻無力挽救股價長期頹勢，從其股價與淨值比較更是明顯。

值得一提的是聯電與台積電，雖然都是晶圓製造大廠，但聯電業外轉投資金融操作尤為積極，從庫藏股的回購股數與實施次數皆較台積電熱衷，不過從 2000 年第一次買回的平均價格 45.88 元到 08 年末次買回價格 7.98 元，發現買回股數與實施次數愈多，其股價愈是走低，庫藏股的護盤效果顯然令人失望。反觀台積電多年來僅實施四次，但預計買回股數卻位居第二，其買回註銷主

表 20-2　2000-2008 年庫藏股預計買回最多股數前五名分析表

單位：次數，百萬股，元

公司	預計買回股數及實施次數	首次實施時間及買回平均價格		末次實施時間及買回平均價格		2009/6/30 收盤價	2009/1Q 每股淨值
聯電 (2303)	4,560 / 13	2000/12 月	**45.88**	2008/12 月	**7.98**	**11.00**	14.4
台積電 (2330)	**1,883 / 4**	**2004/3 月**	**56.61**	**2008/8 月**	**59.17**	**54.70**	**18.7**
開發金 (2883)	1,855 / 10	2001/12 月	**22.45**	2008/12 月	**6.08**	**7.82**	10.3
華新 (1605)	1,290 / 16	2000/10 月	**16.18**	2008/9 月	**7.86**	**10.50**	17.4
華邦電 (2344)	1,055 / 19	2000/11 月	**31.21**	2008/9 月	**3.47**	**5.06**	9.6

資料來源：公開資訊觀測站及神呼科技資料庫。

要目的是因應前大股東荷蘭飛利浦公司必須執行策略性釋股，亦即台積電的大額庫藏股有效支撐了飛利浦公司釋股的龐大賣壓，且其股價趨勢沒有明顯下滑（高逾淨值甚多），讓新舊股東沒有負擔皆大歡喜，台積電此項庫藏股操作產生了護盤效果，讓庫藏股成為錦囊妙計。

案例分析（二）：IBM 有本事才能大額實施庫藏股

美國 IBM 公司在 2008 年 2 月 26 日盤中宣布 08 年度庫藏股買回額度 150 億美元，頓時股價受到激勵，收盤股價大漲 3.9% 達到 114.38 元，並帶領美國道瓊指數同步大漲。

從 IBM 申報的重大訊息看，該公司認為執行買回股票是提升公司價值的重要策略，也是回饋股東支持的重要步驟，這部份資金主要來自營業現金流入（如表 20-3），也是延續 07 年 5 月 120 億美元買回股票額度後的後續計畫。該公司同時也說明，從 1995 年以來，IBM 已經投入 940 億美元，買回 14 億股，平均買回價格約 67 元美金。如表 20-3，07 年底 IBM 股東權益表上庫藏股金額高達 639.4 億美元，分別超過實收資本額 351.8 億美元，及累積盈餘 606.4 億美元。

分析 IBM 有那麼大的資金能量回購股票，當然與它穩健獲利和現金流入有關。例如 07 年淨利潤高達 104.18 億美元，較 06 年 94.16 億美元成長，營業現金流入 07 年達 160.8 億美元，也較 06 年 150 億美元成長，有如此豐富且高逾淨利的營業現金流入，才有大額買回股票的大動作。這點是台灣上市公司在實施庫藏股時，必要的學習之善。換言之，只有在財務健全與現金流入充裕

表 20-3　IBM 公司 05-07 年的簡略報表　　單位：美金百萬元

	2007	2006	2005
Common Stock	35,188	31,271	28,926
Retained Earnings	60,641	52,432	44,734,
Treasury Stock	**(63,945)**	**(46,296)**	**(38,546)**
Other Stockholder Equity	(3,414)	(8,901)	(2,016)
Total Stockholder Equity	28,470	28,506	33,098
Total Assets	120,431	103,233	105,748
Tatal Cash Flow From Operating Activities	**16,089**	**15,007**	**14,874**
年底收盤價 (元) 註	108.10	97.15	82.2

資料來源：finance.yahoo.com。
註：08 年 8/13 日 IBM 收盤價 125.80 美元。

下，大額買回以提高當年的每股盈餘，回購股票才能凸顯價值。由此觀之，IBM 近年來公司價值不斷上升，營業現金流與獲利同步增長才是核心本質，庫藏股只是助燃劑而已。

另外，從表 20-3 可以明顯發現，當 IBM 不斷買回股票後，股東權益會日益減少，造成自有資本率下降，負債比率大幅上升，例如 IBM 2007 年負債比率已達到 76.4%。此外，更特殊的是 07 年 IBM 的實收資本（351 億美元）已大於股東權益總額（284 億美元），但卻不是如台灣危機公司的狀況，其每股淨值會低於面值。如果沒有仔細分析財報、產業、及競爭能力，而只是從財務指標觀察，真的會誤判以為是地雷股。

案例分析（三）：遠東航空（5605）大額庫藏股種下危機

遠東航空公司於 1959 年 10 月 9 日設立，並於 1997 年 12 月 19 日上櫃掛牌。危機事由主要是 2008 年 2 月 12 日發生 1.51 億元跳票事件，櫃買中心依法令規定在 2 月 14 日開始對遠航進行變更交易。雖然遠航在 2 月 15 日發佈訊息說將聲請重整及緊急處分，惟各路股東存在歧見整合不易，最後兵敗山倒被櫃買終止上櫃命運。

分析遠航發生財務危機的原因，從財務面分析概括有三點：

1. 連年虧損不利現金流量

從 2005-2007 年第三季虧損分別為 -5.41 億元、-3.88 億元、-21.96 億元（07 年大虧 73.9 億元），合計即虧掉半個資本額，此對現金流量相當不利，也造成財務指標惡化。例如遠航被櫃買中心規定每月必須公佈重要財務比率（此表示遠航財務已遭監視），它的負債比率從 2007 年 11 月的 79.47% 升高到 08 年 1 月的 87.43%，流動比率由 64.47% 降到 55.52%，皆表示財務堪慮。

2. 應收帳款不正常增加

應收款項若管理不當將直接影響現金流量，遠航的應收款項從 2005 年的 2.32 億元增加至 06 年的 6.07 億元，再遽增到 07 年 3Q 的 13.39 億元，同時期的營業收入卻無等幅度增加，如 05-07 年 1-3 季分別為 72.4、79.8、59.7 億元。大額應收無法及時收現常常是財務危機的溫床，從遠航應收款項非常態增加（即收現天數大幅拉長）可以驗證。

3. 大額庫藏股操作不當種下危機

遠航在 1997 年上櫃，當時財務狀況良好現金充裕，但上櫃後為拉抬股價竟模仿一些投機公司的做法，成立多家子公司買進母公司股票，到 2001 年底總計動用了約 23 億元，每股約 32.2 元成本，買回了 69, 263 千股。此高價股票從當時嚴重套牢至 07 年第三季股市達到高峰時，才忍痛全部出清並認列 17.6 億元投資損失，當時 23 億元的庫藏股投資金額約佔長期股權投資項目的 50%，長期套牢也長期壓低了每股淨值（長期在 10 元以下），同時也是長期董監大股東理念契合的絆腳石。

遠航會出現財務危機，與不當的庫藏股買回操作有相當密切關係。遠航的財務危機，嚴格的說不是因產業環境不佳或是產品服務不良而引起，從非財務因素觀察，應該是在沒有核心控制股東管理下（註：例如遠東集團為最大股東卻不是董監事），出現專業經理人的道德風險，致慘敗在庫藏股的不利操作。

第廿一章

股權控制行為可以控制公司大局嗎？

朱元璋殺戮為鞏固控制權

在中國歷朝開國皇帝中，明朝的朱元璋可以說是出身最低微的一個，而且也是最懂得用殺戮來鞏固皇權的代表性人物。朱元璋以武力起家，且善於控制下屬。但他的長子朱標是個懦弱書生，重儒學而輕武術。朱元璋擔心朱標日後控制不了那些開國功臣，於是派了許多良將輔導教育他學習軍事，希望能成為文武雙全有勇有謀的君主。不過朱標天性仁慈，無法達到朱元璋的要求，為能讓家天下嫡長子的大位穩固，於是朱元璋不得不拿功臣們開刀，為兒子清除日後統治的障礙。朱元璋手下有一個特務機關，叫做錦衣衛，專門負責監視大臣們的活動，錦衣衛只聽從皇帝一個人的命令，別的部門無權干涉。首先朱元璋與錦衣衛除掉了有謀反企圖的大臣胡惟庸，及與其有關係的人士共一萬五千餘人。隨後又拿宗親朱亮祖及兩個兒子開刀，繼之是丞相李善長，他是朱元璋的兒女親家，開國文臣的第一功臣，被人密告當年與胡惟庸來往密切，因而全家七十餘口及其關係人一萬餘人都被殺掉。另外開國作戰功臣徐達是朱元璋童年玩伴，明朝天下有一半是徐達打下來的，功勞大又有才幹，朱元璋對他一直不放心，最後在徐達生病時找到機會送蒸鵝賜死。幾年後大將藍玉造反，朱元璋再次興起大獄，一口氣又除掉了一萬多人。經過幾次大獄殺戮後，明朝開國功臣幾乎一掃而光，朱家的江山算是鞏固下來了。但很諷刺的是，朱元璋辛苦培養的朱標卻早死，真正造反的卻是朱元璋最信任的四兒子燕王朱棣，即明成祖。（註 1）

註 1：摘錄《二十五史故事》，大陸華文出版社，翟文明編著。

鞏固皇權就是抓緊至高無上的統治權以能執行個人的理想，貫徹抱負，或著是滿足個人私慾。若將古代君王的統治權反射至當今資本市場的上市公司，即是大股東在董事會中取得控制權，進而掌握公司整體的運行。雖然現今資本市場已無人頭的殺戮氣氛，但由金錢引發控制權的巧取豪奪與人心險惡也不勝枚舉。基本上，控制權與股權多寡存在著密切關係，從中衍生的股權控制行為也將是公司興衰起落的重要關鍵。

控制股東存在著善念與惡念

股權控制行為主要探討股東在公司「股權結構」及「董事會組成」上有關的活動與決策，以及這些決策行為對公司價值的長期變化。眾所週知，凡是股份制的公司組織一定脫離不了董監事大股東的存在，尤其是具有掌控董事會席次的控制股東群（註：有關控制股東解釋請詳本書第十章說明），更是公司組織中的靈魂股東，公司的興衰他們的確扮演了舉足輕重的角色。由於股權控制行為本身就深深隱藏著人類基本潛能的佔有欲與獨佔性，這種念頭通常從自利角度出發進而被有限理性主導，不管是先公後私或先私後公，它們會不斷激發控制者往個人最大利益前進，完美的狀況是大小股東與員工能夠在一段長的期間享受公司成長獲利的美食。不過，公司與人體一樣都會生老病死，當公司處在不利階段時，許多控制股東會出現侵佔行為與破壞行動，這些非理性行為讓公司處在不安全的水平，也使企業逐步喪失競爭力並漸進走向危機之路，尤其當股價長期大幅下跌致控制股東的名目財富大額縮水，其管理行為很可能表現的更不理性，更具侵略性。

從控股股東的關聯持股群可以衍生不同型態的控制股東模式，筆者依其形成過程將之劃分為以下四種不同模式：

1. 家族型關聯持股群：大部分傳統產業股或部份電子股皆由此模式發跡成長。
2. 法人型關聯持股群：由家族型演進而來，主要指大型傳統產業股，如台塑、遠東集團等。
3. 戰略型關聯持股群：外部投資機構參與投資而成，台灣許多電子類股係由此模式運作成長。
4. 公股型關聯持股群：雖然台灣上市公司目前公股皆低於50%，但仍握有相當比率，經營權實際上由公股主導。

控制股東持股的四種價值模式

筆者發現控制股東只是公司組織生命過程中，必然會出現的權利與行為單位，它不一定會與公司組織長相左右，也並不一定是企業優良績效的保證書，尤其公司在上市掛牌之後，時間越長控制股東的成分可能轉淡，甚或變質不存在。為何會如此認為，主要原因是控制股東是人的組合，一群理念、利益與血緣相同之士的結合，他們是否為永遠的生命共同體，在長期內外環境的衝突與引誘下實難定論，尤其業績出現衰退積弱不振時更會有離散之心。另外，當公司上市規模越趨壯大之後，股權會漸進分散，股東人數也同步增加，控制股東持股比率一定會被稀釋降低（註：稀釋因素有包括在股票市場轉讓持股、放棄股權增資的認購、及因合併換股比例而稀釋），此時面臨所有權與經營權的分治將不可避免，控制股東能否一如往昔控制企業將是一項挑戰。

在股權控制行為項下，最值得關心與探討的問題是，控制股東與董監持股比率的高低變化，及控制股東在董監會運作之關係。從這主題可以發現控制股東持股與股權分散關係對公司價值的影響，並由此產生下列四種公司價值的長期發展模式：

1. 控制股東持股低（代表股權分散程度高，股東人數多），但公司價值高。
2. 控制股東持股低（代表股權分散程度高，股東人數多），公司價值也低。
3. 控制股東持股高（代表股權分散程度低，股東人數少），公司價值也高。
4. 控制股東持股高（代表股權分散程度低，股東人數少），但公司價值低。

圖 21-1　公司價值與股權分散分佈圖

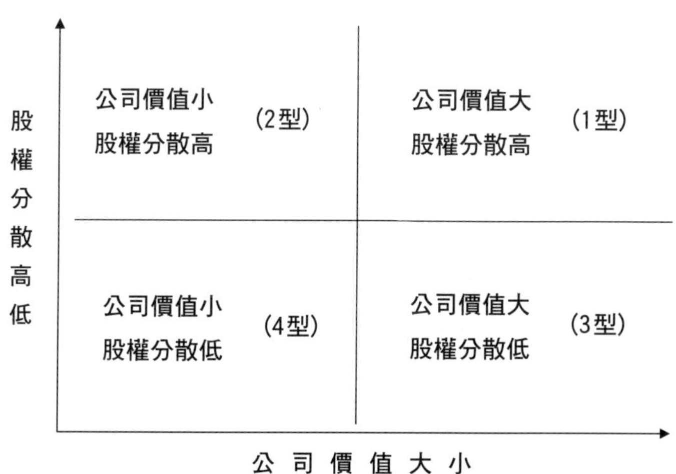

第 1 型價值模式最優，第 2 型最差

前述四種價值模式主要強調股權控制的高低與股權結構分散程度，會影響控制股東的管理行為和經營策略，進而對長期的公司價值產生轉折變化。如果將這四種公司價值模式歸納起來不外是所有權與經營權的「合治」與「分治」。合治模式代表具有控制股東高持股比率特質（如圖 21-1 的 3，4 型），即股權分散低且股東人數相對少，董監大股東掌握所有權與經營權，這種型態的代理成本有限，但存在大股東是否侵佔小股東權益的問題，其董監大股東是公司經營成果的最大享受者與承擔者。另外，分治模式則表示董事會控制股東的持股比率相對偏低（如圖 21-1 的 1，2 型），即股權分散高且股東人數相對多，董監大股東通常只有所有權，經營權則是委託經理人負責，此種型態可稱為「兩權分離」的股權管理模式（註：這是指美國道瓊成分股經營模式，台灣目前仍是合治模式居多），其委託代理成本相對提高，必須透過激勵機制、約束機制、及公司治理的綜合運用才能降低代理成本的衝擊，一般來說大型化的上市公司應該屬於這兩類，而且這兩類公司（如圖 21-1 的 1，2 型）也是股權控制行為中最值得關注的主體。

筆者發現上市公司從掛牌開始即會在這四種價值模式中打轉，通常掛牌初期比較接近第 3、4 型，而掛牌中後期，透過股本膨脹與董監大股東股份減持，其股東人數將會大幅增加，則屬於第 1、2 型居多。從資本大眾化與價值極大化的上市目的觀察，此其中最值得投資者青睞與尊敬的應該是第 1 型的股權治理模

式，如美國道瓊工業指數的三十家代表公司或是台灣的台積電、鴻海、與台塑集團等公司，因為它們代表著誠信經營、治理務實、財務透明與績效卓越，不管內外部人的大小股東都能豐富分享企業長期的經營價值，這也是股權分散最優結果的實現。

反觀第 2 型的股權治理模式，則是四種模式中最受人非議，同時也是股權大眾化最壞結果的表現。究其原因主要是控制股東「股權槓桿」（註：即低持股率取得董事會控制權，請詳本書第十章說明）過重，其出資的股權現金成本低，致公司經營成敗與其股權責任形成不對稱，由此很可能會出現違法亂紀的偏差行為，例如，直接拉攏或影響經理人進行利益輸送、掏空公司資產、操縱股價、董監持股不足、短線交易（註 2）、及內線交易（註 3）。這類型公司反應在長期營運上是績效不彰與價值衰減，反應在董監事或控制股東的長期持股行為上是股權不斷減持（註：除非股權已大額質押）。筆者研究台灣發生財務危機而下市的公司如太電（1602）、華隆（1407）、及博達（2398）等都是屬於這類型。

註 2：短線交易係指歸入權的相關問題。依據證交法 157 條規定，發行股票公司董事、監察人、經理人或持有公司股份超過 10% 之股東，對公司之上市股票，於取得後 6 個月內再行賣出，或於賣出後 6 個月內再行買進，因而獲得利益者，公司應請求將其利益歸於公司。此即「短線交易」的法源。

註 3：內線交易係依證交法 157 條之 1 第 1 項規定，該項各款所列之人 (包括內部人、準內部人、及消息領受人)，獲悉發行股票公司有重大影響其股票價格之消息時，在該消息未公開或公開後 12 小時內，若對該公司之上市或在證券商營業處所買賣之股票或其他具有股權性質之有價證券，買入或賣出，即為「內線交易」。

學習心得

1. 具有控制股東的董事會雖然相對安定，不過一定要不斷提升本業競爭力及資訊透明度，方能長治久安。
2. 股權已經充分分散且控制股東低持股比率者，若能持續創造公司價值則是股權大眾化的最優表現。
3. 股權槓桿與財務槓桿並行的公司，其經營風險較高，不利公司價值表現。

案例分析（一）：大陸國企股控制股東減持重挫公司價值

在全球資本市場中，中國股市的國企股應該是控制股東持股比率最高和最密集的市場，這是社會主義走向資本市場的背景趨勢，而由中央控制市場的「政策市」更加凸顯控制股東影響股市漲跌的重要性。大陸上證指數在 2007 年 10 月 16 日創下最高收盤指數 6092 點，2008 年 9 月 12 日收盤指數下跌至 2080 點，近一年時間指數跌幅達到 65.8%，跌幅高冠全球。分析其中原因「大小非解禁減持」為重要因素之一，所謂大小非即是大額或小額的非流通股份，在大陸 2005 年 6 月開始進行股權分置改革（簡稱股改），此部分原屬國資企業沒有流通的股份可以透過股改程序，對現有流通股股東採現金或股票補償方式，及持股在一至二年限制出售模式，讓大陸上市公司能夠完成劃時代的股票全流通作業。由於滬深兩市上市公司股改活動在 2006 年底幾近完成（近 98%），而原非流通股份從 2007 年開始可以解禁並減持，於是大股東的賣壓就在 07 年大陸股市飆漲時不斷出爐套現。

這部份解禁等待減持的股份確實嚇人，根據中國證券網統計資料顯示，截至 2008 年 8 月底，兩市累計產生股改限售股份數量達到 4636.91 億股，存量未解禁股改限售股為 3541.50 億股，股改以來滬深累計解禁 1083.77 億股，佔比 23.37%；累計減持 263.37 億股，佔比值近為 24.30%。大陸主管機關為能舒緩大小非股份減持對市場衝擊，還特別訂定轉讓限制法規，甚至還有人建議要對大小非出售利得課徵暴利稅。由此觀之，控制股東減持股份著實對市場產生重大壓力，尤其處在市場弱勢，其負面預期心理更是濃厚。

案例分析（二）：開發金（2883）與金鼎證（6012）股權控制糾紛難分難解

說起來這是台灣股市十餘年少見的股權控制奇觀，開發金控綜合持有金鼎證股權比率高達 48.46%，居然連續兩次董監改選無法取得過半席次以掌控金鼎證經營權，反而是金鼎證前十名股東中，只有 16.13% 綜合持股比率的原公司派繼續掌控大權。

2009 年 6 月 30 日舉行的金鼎證股東大會，開了一整天，結果新任董監事鬧雙胞胎，兩造各自推選出自己的董監事代表，且各自解讀董監職權的合法性。我們暫不論董監選舉的適法性問題，單純就股權控制行為影響公司價值進行探討，顯然地有下列狀況：

1. 高持股比率無法取得經營權，代表開發金當初的併吞存在敵意，導致以張氏家族為首的公司派全力抵抗，造成股權分裂，開發金有控制股東之名卻無控制之實，開發金著實耗時費資得不償失。

2. 開發金與金鼎證兩家公司的控制股東都採取「股權槓桿」的經營模式，亦即它們兩造（辜氏與張氏家族）實際出資比率不高，致兩家公司的股東人數眾多，影響兩造大股東的作為，從表 21-1 的近三年績效可略窺一二。
3. 兩派相爭傷害公司體質與價值，表面上金鼎證的董監持股高達 51.77%，應該是具控制股東穩定度高的公司，但實情並非如此，兩邊人馬對立，未來也將對薄公堂互揭瘡疤，這樣的股權相爭怎能創造好的績效與價值呢？最為無奈的將是無辜的外部股東。

表 21-1　開發金與金鼎 2006-2008 年財務資訊比較表

單位：新台幣億元，%

	2006		2007		2008	
	開發金	金鼎	開發金	金鼎	開發金	金鼎
稅後淨利	149	(-8)	77	16	(71)	(14)
EPS (元)	1.32	(0.74)	0.64	1.45	(0.64)	(1.29)
實收股本	1,127	108	1,096	108	1,123	108
每股淨值 (元)	14.18	9.32	13.10	10.76	10.65	9.20
淨值報酬率 (%)	10.36	(8.38)	5.06	14.45	(5.53)	(12.95)
PB ratio	0.91	1.24	1.06	1.44	1.00	2.01
股票均價 (元)	12.94	11.53	13.87	15.53	10.66	18.53
股東人數 (人)	482,037	45,788	467,859	51,587	472,696	54,222
董監持股 (%)	**11.34**	**51.82**	**9.76**	**51.76**	**9.77**	**51.76**
控制股東持股比率 (%)	**15.72**	**48.46 (註 1)**	**15.73**	**48.46 (註 1)**	**16.25**	**48.46 (註 1)**
董監持股質押比率 (%)	12.09	1.33	57.37	1.33	57.94	1.86

資料來源：公司年報與財報。

註 1：此比率係指開發金綜合持有金鼎證股權的比率。

開發金爭奪金鼎證大事紀

時　間	事　件
2005 年 4 月	• 開發金主導「三合一」案（大華證、統一證及中信證合併）破局，轉向收購金鼎證股權。 • 開發金透過子公司開發工銀及孫公司開發國際投資公司買進金鼎證股權。
2005 年 6 月	• 報載開發金意圖購併金鼎證，開發金發佈重大訊息否認。
2005 年 8 月	• 為反制開發金購併，金鼎證宣布將與遠東證、第一證與環華證金「四合一」案，並於10月股東臨時會表決通過合併案。
2005 年 9 月	• 開發金向金管會申報開發金、開發工銀及開發國際投資公司共取得金鼎證超過百分之十的股份。
2005年10月	• 金鼎證股東臨時會通過「四合一」案。
2005年12月	• 開發金持有環華證金股權近一成，環華證金董事會決議退出合併案，打破金鼎的「四合一」案，開發金持有金鼎證股權超過三成。 • 金鼎證繼續執行與第一證、遠東證合併案。
2006 年 2 月	• 開發金臨時董事會決議以每股 14 元（約金鼎證股價淨值比 1.4 倍）公開收購金鼎證四成股權。
2006 年 5 月	• 開發金持有金鼎證股權逾 36%，首度進入金鼎證董事會。
2006 年 6 月	• 張元銘接任金鼎證董事長，經營權由金鼎公司派掌控。
2009 年 3 月	• 金鼎證控告開發金購併金鼎證涉及內線交易，並主張開發金違法取得逾 48%金鼎證股權。
2009 年 4 月	• 開發金控告張平沼夫婦背信。 • 辜仲瑩涉嫌掏空開發金、內線交易，違反「金融控股公司法」。
2009 年 5 月	• 金管會命令開發金解除辜仲瑩董事、總經理及開發銀董事長等職務，辜仲瑩未來五年不得在金控或銀行任職。
2009 年 6 月	• 開發金取得法院假處分裁定，確保在金鼎證股東會上行使投票權。 • 金鼎證股東會發生股東投票權認定、董事會鬧雙胞等爭議，雙方僵持 8.5 小時。

資料來源：《商業週刊》1128 期，2009 年 7 月；公開資訊觀測站。

由於存在著股權鬥爭，我們發現近年來兩家公司的業績確實平平，股價在09年7月底收盤價開發金為8.04元，金鼎證8.45元，比較它們2009年初至8月底漲跌幅，開發金僅4.8%（7.59-7.24/7.24），金鼎證-1.8%（7.36-7.5/7.5），皆較金融股指數的漲幅26.2%（751.8-595.7/595.7）落後甚多。看看國泰金控（2882）的董監持股比率只有15.52%，同期間漲幅26.2%，台積電更只有7.13%，同期間漲幅33.3%（不含除權息），它們沒有股權糾紛，公司治理佳，所以股權即使分散（尤其是台積電），但公司價值一直都在高檔。因此，從中期看，投資人對有股權紛爭的掛牌公司不必過度期待，最好還是靜觀。

案例分析（三）：南科（2408）有富爸爸真好！

台灣股市難得出現的窘境在2009年出籠，同屬DRAM族群的四大上市櫃公司──南科、力晶（5346）、茂德（5387）、與華亞科（3474），有三家已成為全額交割股，目前只有華亞科屬正常交易。此外，讓市場最為驚訝的是同屬台塑集團的南科與威盛（2388）居然會不約而同變成全額交割。茂德與力晶09年上半年曾因無法償還到期轉換公司債而遭殃（註：09年9月力晶則因每股淨值低於5元進入變更交易），南科與威盛則因大幅虧損致每股淨值低於5元而受困。

不過以它倆背後有富爸爸且專精本業的能耐，預期很快可以復活再生。如南科，在09年6月1日開完股東會後，即火速進行減增資手術。從6月下旬南科重大訊息，可以發現南科是以私募方式進行現金增資，總計額度100億元，其每股認購價格以減資後反除權推算並打 9 折，為 12.22 元（參考價格 13.57 元），6 月 26 日完成私募金額 122.2 億元，參與私募的法人全為台塑集團的重要成員。如此快速的減增資動作（新股本約 258 億元），除了代表南科的富爸爸與伯叔們真的有實力外，最重要的是它們對自己認真經營的產業有信心，相信長期可以否極泰來。

同樣四家 DRAM 公司都背著龐大融資債務，南科能夠劍及履及般的進行手術再生，相對的力晶與茂德就顯得辛苦，被債所逼的壓力很沉重。這其中最大的差別即危機企業是否擁有具實力的控制股東？ 如華亞科的兩大股東是美光集團（Micron）與南科，兩大控制股東合計股權高達 70.73%，另南科的控制股東是南亞（1303），持股比率高達 37.78%。反觀力晶與茂德就相形見絀，聯電（2303）雖然是茂德第二大股東，持股比率 6.49%，但在茂德被債所困時，亦無能為力。

附錄：

台灣積體電路製造股份有限公司

資產負債表

民國九十七年及九十六年十二月三十一日

資產	九十七年十二月三十一日		九十六年十二月三十一日	
	金額	%	金額	%
流動資產				
現金及約當現金（附註二及四）	$ 138,208,360	26	$ 72,422,102	13
公平價值變動列入損益之金融資產（附註二、五及二十三）	42,460	-	42,083	-
備供出售金融資產（附註二、六及二十三）	-	-	22,267,223	4
持有至到期日金融資產（附註二、七及二十三）	5,881,999	1	11,526,946	2
應收關係人款項（附註二十四）	11,728,204	2	26,701,648	5
應收票據及帳款	11,441,176	2	17,911,328	3
備抵呆帳（附註二及八）	(436,746)	-	(688,972)	-
備抵退貨及折讓（附註二及八）	(5,868,582)	(1)	(3,856,685)	-
其他應收關係人款項（附註二十四）	489,742	-	525,308	-
其他金融資產	711,755	-	331,698	-
存貨－淨額（附註二及九）	12,807,936	2	20,987,142	4
遞延所得稅資產（附註二及十七）	3,650,700	1	5,268,000	1
預付費用及其他流動資產	1,192,475	-	861,465	-
流動資產合計	179,849,479	33	174,299,286	32
長期投資（附註二、六、七、十、十一及二十三）				
採權益法之長期股權投資	109,871,178	20	113,048,081	21
備供出售金融資產	2,032,658	1	1,397,186	-
持有至到期日金融資產	11,761,325	2	8,697,726	2
以成本衡量之金融資產	519,502	-	748,160	-
長期投資合計	124,184,663	23	123,891,153	23
固定資產（附註二、十二及二十四）				
成本				
建築物	114,014,588	21	101,907,892	18
機器設備	635,008,261	118	589,131,625	107
辦公設備	9,748,869	2	9,167,107	2
	758,771,718	141	700,206,624	127
累積折舊	(557,247,254)	(103)	(486,725,019)	(88)
預付款項及未完工程	17,758,038	3	21,082,953	4
固定資產淨額	219,282,502	41	234,564,558	43
無形資產				
商譽（附註二）	1,567,756	-	1,567,756	-
遞延借項－淨額（附註二、十三及二十四）	6,401,461	1	7,172,413	1
無形資產合計	7,969,217	1	8,740,169	1
其他資產				
遞延所得稅資產（附註二及十七）	6,497,972	1	7,241,933	1
存出保證金	2,719,737	1	2,741,538	-
其他（附註二）	55,677	-	293,986	-
其他資產合計	9,273,386	2	10,277,457	1
資產總計	$ 540,559,247	100	$ 551,772,623	100

後附之附註係本財務報表之一部分。
（參閱勤業眾信會計師事務所民國九十八年一月十七日查核報告）

資料來源：公開資訊觀測站。

單位：新台幣仟元，惟每股面額為元

負債及股東權益	九十七年十二月三十一日		九十六年十二月三十一日	
	金額	%	金額	%
流動負債				
公平價值變動列入損益之金融負債（附註二、五及二十三）	$ 83,618	-	$ 247,646	-
應付帳款	4,314,265	1	9,485,818	2
應付關係人款項（附註二十四）	1,202,350	-	2,999,630	-
應付所得稅（附註二及十七）	9,222,811	2	10,977,963	2
應付員工紅利及董事酬勞（附註三及十九）	15,148,057	3	-	-
應付工程及設備款	7,574,891	1	5,389,740	1
應付費用及其他流動負債（附註十五）	7,553,475	1	14,700,013	3
一年內到期之應付公司債（附註十四）	8,000,000	2	-	-
流動負債合計	53,099,467	10	43,800,810	8
長期負債				
應付公司債（附註十四）	4,500,000	1	12,500,000	3
其他長期應付款（附註十五）	931,252	-	1,501,462	-
長期負債合計	5,431,252	1	14,001,462	3
其他負債				
應計退休金負債（附註二及十六）	3,710,009	1	3,657,679	1
存入保證金（附註二十六）	1,479,152	-	2,240,677	-
遞延貸項（附註二及二十四）	462,256	-	980,593	-
其他負債合計	5,651,417	1	6,878,949	1
負債合計	64,182,136	12	64,681,221	12
股本（附註十九及二十一）				
普通股股本－每股面額10元				
額定－28,050,000仟股				
發行－九十七年25,625,437仟股				
九十六年26,427,104仟股	256,254,373	47	264,271,037	48
資本公積（附註二及十九）	49,875,255	9	53,732,682	10
保留盈餘（附註十九）				
法定盈餘公積	67,324,393	13	56,406,684	10
特別盈餘公積	391,857	-	629,550	-
未分配盈餘	102,337,417	19	161,828,337	29
保留盈餘合計	170,053,667	32	218,864,571	39
股東權益其他項目（附註二、二十一及二十三）				
累積換算調整數	481,158	-	(1,072,853)	-
金融商品未實現損益	(287,342)	-	680,997	-
庫藏股票－834,096仟股	-	-	(49,385,032)	(9)
股東權益其他項目合計	193,816	-	(49,776,888)	(9)
股東權益合計	476,377,111	88	487,091,402	88
負債及股東權益總計	$ 540,559,247	100	$ 551,772,623	100

台灣積體電路製造股份有限公司

損益表

民國九十七年及九十六年一月一日至十二月三十一日

單位：新台幣仟元，惟每股盈餘為元

	九十七年度		九十六年度	
	金額	%	金額	%
銷貨收入總額（附註二及二十四）	$ 330,228,027		$ 319,167,299	
銷貨退回及折讓（附註二及八）	8,460,944		5,519,655	
銷貨收入淨額	321,767,083	100	313,647,644	100
銷貨成本（附註十八及二十四）	183,589,540	57	176,223,224	56
銷貨毛利	138,177,543	43	137,424,420	44
聯屬公司間已（未）實現銷貨毛利（附註二）	72	-	(265,106)	-
已實現銷貨毛利	138,177,615	43	137,159,314	44
營業費用（附註十八及二十四）				
研究發展費用	19,737,038	6	15,913,834	5
管理費用	9,895,617	3	7,660,776	3
行銷費用	2,254,728	1	1,332,657	-
合計	31,887,383	10	24,907,267	8
營業利益	106,290,232	33	112,252,047	36
營業外收入及利益				
利息收入（附註二）	2,728,892	1	2,634,636	1
兌換淨益（附註二）	1,113,406	1	71,128	-
和解賠償收入（附註二十六）	951,180	-	985,114	-
技術服務收入（附註二十四及二十六）	619,237	-	712,162	-
處分金融資產淨益（附註二及二十三）	452,159	-	271,094	-
處分固定資產及其他資產利益（附註二及二十四）	298,772	-	305,201	-
按權益法認列之投資淨益（附註二及十）	72,568	-	5,468,230	2
其他收入（附註二十四）	489,411	-	658,227	-
合計	6,725,625	2	11,105,792	3

資料來源：公開資訊觀測站。

（接次頁）

	九十七年度		九十六年度	
	金額	%	金額	%
營業外費用及損失				
金融商品評價淨損（附註二、五及二十三）	$ 1,230,966	1	$ 924,316	-
利息費用	355,056	-	584,736	-
金融資產減損損失（附註二及十一）	247,488	-	-	-
閒置資產損失（附註二）	210,477	-	-	-
訴訟損失（附註二十六、(八)）	99,126	-	1,008,635	-
其他損失（附註二）	113,926	-	88,746	-
合計	2,257,039	1	2,606,433	-
稅前利益	110,758,818	34	120,751,406	39
所得稅費用（附註二及十七）	(10,825,650)	(3)	(11,574,313)	(4)
本年度淨利	$ 99,933,168	31	$ 109,177,093	35

	稅前	稅後	稅前	稅後
每股盈餘（附註二十二）				
基本每股盈餘	$ 4.27	$ 3.86	$ 4.49	$ 4.06
稀釋每股盈餘	$ 4.24	$ 3.83	$ 4.49	$ 4.06

假設子公司持有之母公司股票不視為庫藏股票而作為備供出售金融資產時之擬制資料（稅後金額，附註二及二十一）：

	九十七年度	九十六年度
本年度淨利	$ 100,035,447	$ 109,278,855
每股盈餘		
基本每股盈餘	$ 3.86	$ 4.06
稀釋每股盈餘	$ 3.83	$ 4.06

後附之附註係本財務報表之一部分。

（參閱勤業眾信會計師事務所民國九十八年一月十七日查核報告）

台灣積體電路製造股份有限公司

現金流量表

民國九十七年及九十六年一月一日至十二月三十一日

單位：新台幣仟元

	九十七年度	九十六年度
營業活動之現金流量：		
本年度淨利	$ 99,933,168	$ 109,177,093
折舊及攤銷	74,569,562	72,820,579
聯屬公司間未（已）實現銷貨毛利	(72)	265,106
金融資產折溢價攤銷數	(97,381)	(117,159)
金融資產減損損失	247,488	-
處分備供出售金融資產淨益	(443,404)	(271,094)
處分以成本衡量之金融資產淨益	(8,755)	-
按權益法認列之投資淨益	(72,568)	(5,468,230)
獲配採權益法被投資公司之現金股利	1,804,351	677,147
處分固定資產及其他資產淨益	(298,769)	(300,387)
提列閒置資產損失	210,477	-
遞延所得稅	2,361,261	1,083,194
營業資產及負債之淨變動：		
公平價值變動列入損益之金融資產及負債	(164,405)	239,413
應收關係人款項	14,973,444	(9,832,139)
應收票據及帳款	6,470,152	(1,633,164)
備抵呆帳	(252,226)	(1,959)
備抵退貨及折讓	2,011,897	1,105,620
其他應收關係人款項	43,835	(76,042)
其他金融資產	(380,057)	321,762
存貨	8,179,206	(1,834,928)
預付費用及其他流動資產	(330,664)	359,734
應付帳款	(5,171,553)	3,342,139
應付關係人款項	(1,797,280)	(327,286)
應付所得稅	(1,766,153)	3,127,545
應付員工紅利及董事酬勞	15,148,057	-
應付費用及其他流動負債	(3,142,500)	1,259,738
應計退休金負債	52,330	127,563
遞延貸項	(129,494)	72,747
營業活動之淨現金流入	211,949,947	174,116,992
投資活動之現金流量：		
購置固定資產	(56,766,192)	(81,303,047)
購買備供出售金融資產	(23,697,000)	(9,547,253)
購買持有至到期日金融資產	(12,371,965)	-
採權益法之長期股權投資增加	(494,765)	(7,358,685)
購買以成本衡量之金融資產	(20,681)	(36,333)
合併子公司取得現金數	270,650	-
處分備供出售金融資產價款	45,584,934	18,844,520
持有至到期日金融資產領回	15,004,000	17,325,120
處分以成本衡量之金融資產價款	10,606	-
被投資公司減資退回股款	2,465,293	433,551
處分固定資產及其他資產價款	2,042,899	54,509
遞延借項增加	(3,199,813)	(2,685,610)
存出保證金減少（增加）	21,801	(1,435,304)
其他資產增加	-	(232,575)
投資活動之淨現金流出	(31,150,233)	(65,941,107)

資料來源：公開資訊觀測站。

（接次頁）

	九十七年度	九十六年度
融資活動之現金流量：		
償還公司債	$ -	$ (7,000,000)
存入保證金減少	(761,525)	(1,569,284)
員工行使認股權發行新股	227,150	436,827
現金股利	(76,881,311)	(77,489,064)
員工現金紅利	(3,939,883)	(4,572,798)
董監事酬勞	(176,890)	(285,800)
買回庫藏股票	(33,480,997)	(45,413,373)
融資活動之淨現金流出	(115,013,456)	(135,893,492)
現金及約當現金淨增加（減少）數	65,786,258	(27,717,607)
年初現金及約當現金餘額	72,422,102	100,139,709
年底現金及約當現金餘額	$ 138,208,360	$ 72,422,102
現金流量資訊之補充揭露：		
支付利息	$ 355,056	$ 661,200
支付所得稅	$ 10,282,464	$ 7,330,401
同時影響現金及非現金項目之投資及融資活動：		
購置固定資產價款	$ 58,951,343	$ 76,023,264
應付工程及設備款減少（增加）	(2,185,151)	5,279,783
支付現金金額	$ 56,766,192	$ 81,303,047
處分固定資產及其他資產價款	$ 2,051,168	$ 54,509
其他應收關係人款項增加	(8,269)	-
取得現金金額	$ 2,042,899	$ 54,509
買回庫藏股票	$ 30,427,413	$ 48,466,957
應付費用及其他流動負債減少（增加）	3,053,584	(3,053,584)
支付現金金額	$ 33,480,997	$ 45,413,373
不影響現金流量之融資活動：		
一年內到期之應付公司債	$ 8,000,000	$ -
一年內到期之其他長期應付款（帳列應付費用及其他流動負債）	$ 1,026,421	$ 3,673,182

後附之附註係本財務報表之一部分。
（參閱勤業眾信會計師事務所民國九十八年一月十七日查核報告）

歌林股份有限公司
資產負債表
民國97年及96年12月31日

資產		附註	97年12月31日(重編)		96年12月31日	
代碼	會計科目		金額	%	金額	%
11xx	流動資產		$ 3,639,997	40	$17,039,347	60
1100	現金及約當現金	二、四	24,699	—	677,689	2
1310	公平價值變動列入損益之金融資產	二、五	6,537	—	96,416	—
1120	應收票據淨額	六、廿五	12,158	—	552,914	2
1140	應收帳款淨額	七、廿五	569,758	6	10,795,290	39
1160	其他應收款		125,957	1	203,013	1
1180	其他應收帳款淨額－關係人	廿五	1,661,478	19	394,576	1
1166	應收工程款	二、七、廿五	2,273	—	44,806	—
120x	存　貨	二、八	1,038,895	12	3,491,499	12
1240	在建工程淨額	二、八	2,594	—	20,738	—
1260	預付款項	廿五	111,730	1	499,287	2
1280	其他流動資產	廿五	72,327	1	83,077	—
1286	遞延所得稅資產-流動	二、廿三	—	—	64,200	—
1291	受限制資產-流動	廿六	11,591	—	115,842	1
14xx	基金及投資		2,293,622	25	6,198,922	23
1450	備供出售金融資產	二、九	80,522	1	982,656	4
1480	以成本衡量之金融資產	二、十一	61,288	1	374,338	1
1421	採權益法之長期投資	二、十二、廿六	2,151,812	23	4,634,977	17
1425	預付長期投資款	二、十二	—	—	206,951	1
15xx	固定資產	二、十三、廿五、廿六	2,235,275	24	2,742,804	10
1501	土　地		1,460,604	16	1,460,604	6
1521	房屋及建築		872,840	9	872,841	3
1531	機器設備		119,109	1	118,167	—
1551	交通及運輸設備		30,331	—	30,331	—
1561	生財器具		133,626	2	137,748	—
1681	其他設備		453,130	5	450,013	2
	小　計		3,069,640	33	3,069,704	11
15x8	重估增值		471,597	5	471,597	2
15xy	成本及重估增值		3,541,237	38	3,541,301	13
15X9	減：累積折舊		(901,633)	(10)	(862,972)	(3)
1599	減：累計減損		(410,366)	(4)	—	—
1670	預付設備工程款		6,037	—	12,408	—
1670	預付土地款		—	—	52,067	—
17xx	無形資產		—	—	78,350	—
1770	遞延退休金成本	二、十四	—	—	78,350	—
18xx	其他資產		1,036,003	11	1,907,430	7
1800	出租資產	十四、廿六	998,531	11	1,057,851	4
1820	存出保證金	廿五	13,332	—	14,637	—
1830	遞延費用	二	24,140	—	433,889	2
1840	長期應收票據及款項		—	—	9,378	—
1860	遞延所得稅資產-非流動	二、廿三	—	—	86,777	—
1887	受限制資產-非流動	廿六	—	—	304,898	1
	資產總計		$ 9,204,897	100	$27,966,853	100

(請參閱後附財務報表附註暨正風聯合會計師事務所周銀來會計師及賴永吉會計師民國98年6月4日之查核報告書)

重整人：張秀雄　李敦仁　賴信澤　　經理人：李敦仁　　會計主管：章世璋

資料來源：公開資訊觀測站。

單位：新台幣仟元

代碼	負債及股東權益 會計科目	附註	97年12月31日(重編) 金額	%	96年12月31日 金額	%
21xx	流動負債		$18,450,442	201	$ 9,129,468	33
2100	短期借款	十五	1,323,004	14	1,764,292	6
2110	應付商業本票	十六	—	—	341,215	1
2180	公平價值變動列入損益之金融負債	二、十七	88,860	1	121,920	1
2120	應付票據	廿五	939,969	10	690,882	3
2140	應付帳款		2,093,056	23	1,348,749	5
2150	應付帳款－關係人	廿五	1,787,936	20	4,204,307	15
2160	應付所得稅	二、十三	—	—	62,253	—
2170	應付費用	廿五	484,613	5	237,647	1
2210	其他應付款-關係人	廿五	353,243	4	17,146	—
2261	預收款項		21,726	—	693	—
2264	預收工程款	八	12,788	—	12,221	—
2272	一年內到期之長期借款	十九	6,564,387	72	274,758	1
2280	其他流動負債		4,780,860	52	53,385	—
24xx	長期負債		1,450,648	16	7,497,599	27
2410	應付公司債	十八	1,450,648	16	1,518,977	5
2420	長期借款	十九	—	—	5,978,622	22
25xx	各項準備		105,511	1	105,511	—
2510	土地增值準備	十四	105,511	1	105,511	—
28xx	其他負債		5,740,479	62	801,543	3
2810	應計退休金負債	廿	315,457	4	358,875	1
2820	存入保證金	廿五	35,305	—	161,469	1
2881	遞延貸項－聯屬公司間利益	廿五	91,505	1	281,199	1
2888	長期投資貸方餘額	十二	1,790,904	19	—	—
2888	其他負債-其他		3,507,308	38	—	—
	負債合計		25,747,080	280	17,534,121	63
3xxx	股東權益	廿一				
31xx	股　本		9,186,004	100	8,799,229	31
3110	普通股		8,939,626	97	8,755,433	31
3140	預收股本		—	—	43,796	—
3150	待分配股票股利		246,378	3	—	—
32xx	資本公積		753,399	8	742,312	3
3210	發行股票溢價		56,571	—	—	—
3220	庫藏股票交易		5,091	—	5,091	—
3280	股利未領		5,124	—	5,124	—
3260	長期投資		363,679	4	384,465	2
3272	認股權		322,934	4	347,632	1
33xx	保留盈餘		(26,459,134)	(287)	690,437	2
3310	法定盈餘公積		80,002	1	21,228	—
3320	特別盈餘公積		26,729	—	—	—
3350	未分配盈餘		(26,565,865)	(288)	669,209	2
34xx	股東權益其他項目		(22,452)	(1)	200,754	1
3460	未實現重估增值		96,356	—	164,956	—
3420	累積換算調整數		(4,103)	—	73,272	1
3450	金融商品之未實現損益		(103,960)	(1)	(26,729)	—
3510	庫藏股票	廿二	(10,745)	—	(10,745)	—
	股東權益合計		(16,542,183)	(180)	10,432,732	37
	重大承諾事項及或有負債	廿七				
	重大期後事項	廿八				
	負債及股東權益總計		$ 9,204,897	100	$27,966,853	100

歌林股份有限公司

損　益　表

民國97年及96年1月1日至12月31日

單位：新台幣仟元

代碼	項目	附註	97年度(重編)		96年度	
			金額	%	金額	%
4000	營業收入		$ 6,848,337	107	$21,785,933	103
4170	減：銷貨退回		(348,213)	(5)	(574,520)	(3)
4190	減：銷貨折讓		(123,007)	(2)	—	—
4100	營業淨額		6,377,117	100	21,211,413	100
5000	營業成本		(7,011,113)	(110)	(18,455,991)	(87)
5910	營業毛(損)利		(633,996)	(10)	2,755,422	13
6000	營業費用		(14,699,682)	(230)	(1,942,397)	(9)
6100	推銷費用		(14,248,794)	(223)	(1,561,012)	(7)
6200	管理費用		(341,955)	(5)	(308,750)	(2)
6300	研究發展費用		(108,933)	(2)	(72,635)	—
6900	營業淨損利		(15,333,678)	(240)	813,025	4
7100	營業外收入及利益		664,582	10	409,949	2
7110	利息收入		6,353	—	26,646	—
7121	採權益法認列之投資收益	十二	—	—	15,981	—
7122	股利收入		25,893	—	43,170	—
7130	處分固定資產利益		25	—	4,250	—
7140	處分投資利益		231,821	4	146,717	1
7160	兌換利益		217,625	3		
7210	租金收入		110,826	2	125,872	1
7320	金融負債評價利益		13,409	—	—	—
7480	其他收入		58,630	1	47,313	—
7500	營業外費用及損失		(11,978,956)	(188)	(554,836)	(3)
7510	利息費用		(580,302)	(9)	(438,737)	(2)
7520	採權益法認列之投資損失	十二	(4,414,588)	(69)	—	—
7550	存貨盤損		(992,142)	(16)	(83)	—
7560	兌換損失		—	—	(31,737)	—
7570	存貨跌價及呆滯損失		(96,847)	(2)	(5,163)	—
7630	減損損失		(1,271,824)	(20)	(2,403)	—
7640	金融資產評價損失		(478)	—	(5,335)	—
7650	金融負債評價損失		—	—	(4,129)	—
7880	其他損失	廿五	(4,622,775)	(72)	(67,249)	(1)
7900	繼續營業單位稅前淨利(損)		(26,648,052)	(418)	668,138	3
8110	所得稅費用	二、廿三	(142,368)	(2)	(80,404)	—
9600	本期淨利(損)		$(26,790,420)	(420)	$ 587,734	3

代碼	項目	附註	97年度稅前	97年度稅後	96年度稅前	96年度稅後
	普通股每股盈餘(虧損)		稅前	稅後	稅前	稅後
	基本每股盈餘(虧損)(元)	二、廿四				
9750	本期淨損益		$(30.24)	$(30.40)	$ 0.79	$ 0.70
	稀釋每股盈餘(虧損)(元)					
9850	本期淨損益		$(30.24)	$(30.40)	$ 0.74	$ 0.65
假設子公司持有母公司股票不視為庫藏股而作為投資時之擬制性資訊：						
	本期淨利		$(26,637,238)	$(26,779,607)	$ 668,138	$ 587,734
			稅前	稅後	稅前	稅後
	基本每股盈餘(虧損)		$(30.17)	$(30.33)	$ 0.79	$ 0.70
	稀釋每股盈餘(虧損)		$(30.17)	$(30.33)	$ 0.75	$ 0.66

(請參閱後附財務報表附註暨正風聯合會計師事務所周銀來會計師及賴永吉會計師民國98年6月4日之查核報告書)

重整人：張秀雄　李敦仁　賴信澤　經理人：李敦仁　會計主管：章世璋

資料來源：公開資訊觀測站。

歌林股份有限公司
現 金 流 量 表
民國97年及96年1月1日至12月31日

單位：新台幣仟元

項 目	97 年 度(重編)	96 年 度
營業活動之現金流量		
本期淨利(損)	$ (26,790,420)	$ 587,734
調整項目：		
各項攤提	198,563	189,791
各項折舊	91,960	106,799
備抵呆帳提列數	12,885,877	243,803
減損損失	1,271,824	2,403
存貨跌價及呆滯損失提列數	96,847	5,162
存貨報廢損失	351,950	－
存貨盤虧	992,142	83
採權益法認列之投資損益	4,414,588	(15,981)
處分固定資產利益	(25)	(4,431)
處分遞延資產損失	－	181
固定資產轉列至費用數	52,067	－
買回公司債利益	－	(4,455)
應付公司債折價攤銷	84,289	98,089
金融資產評價損益	478	5,335
金融負債評價損益	(13,409)	4,129
處分投資利益	(231,821)	(146,717)
遞延資產轉列費用數	263,087	－
權益法評價長期股權投資取得現金股利數	6,929	－
下列資產及負債之變動：		
公平價值變動列入損益之金融資產	91,002	(41,051)
應收票據及帳款	15,219,100	(2,183,757)
其他應收款	(18,321,584)	127,129
應收工程款	42,533	115,730
存 貨	1,011,665	(298,814)
在建工程	18,144	220,994
預付款項	387,557	691,806
其他流動資產	10,748	(28,572)
長期應收票據及帳款	9,378	(9,378)
遞延所得稅資產	150,977	17,905
應付票據及帳款	(1,422,977)	(153,906)
應付費用	246,966	10,318
應付所得稅	(62,253)	61,848
其他應付款	(75,867)	17,135
預收工程款	21,033	(213,639)
預收款項	567	(730,866)
其他流動負債	4,614,702	2,544
應計退休金負債	34,932	(81,347)
其他負債－其他	3,507,308	－
遞延貸項	7,576	－
營業活動之淨現金流出	$ (833,567)	$ (1,403,996)

歌林股份有限公司

現 金 流 量 表（續）

民國 97 年及 96 年 1 月 1 日至 12 月 31 日

單位：新台幣仟元

項　　　　目	97 年 度	96 年 度
投資活動之現金流量：		
購置長期投資價款	$ (284,286)	$ (990,430)
購買固定資產價款	(7,996)	(62,571)
處分長期投資價款	294,305	491,465
處分固定資產價款	14	5,855
處分遞延資產價款	—	28,572
遞延資產增加	(46,218)	(440,556)
存出保證金減少	1,305	5,241
被投資公司減資退還股款	—	33,887
受限制資產(增加)減少	409,149	(31,270)
投資活動之淨現金流入(出)	366,273	(959,807)
融資活動之現金流量：		
短期借款減少	(441,288)	(1,435,436)
應付短期票券減少	(341,215)	(68,447)
長期借款增加	311,007	1,697,791
存入保證金(減少)增加	(126,164)	43,048
其他應付關係人款	411,964	—
買回公司債價款	—	(34,845)
應付公司債增加	—	1,931,232
融資活動之淨現金流入(出)	(185,696)	2,133,343
本期現金及約當現金增加(減少)數	(652,990)	(230,460)
期初現金及約當現金餘額	677,689	908,149
期末現金及約當現金餘額	$ 24,699	$ 677,689
現金流量資訊之補充揭露：		
本期支付利息	$ 358,340	$ 438,737
減：資本化利息	(2,042)	(2,862)
不含資本化利息之本期支付利息	$ 356,298	$ 435,875
本期支付所得稅	$ 3,393	$ 745
部分影響現金流量之投資及融資活動：		
購買固定資產價款	$ 8,670	$ 65,050
利息資本增加	2,042	2,862
預付設備款轉列	(2,716)	(5,341)
購置固定資產支付現金數	$ 7,996	$ 62,571
不影響現金流量之投資及融資活動：		
一年內到期之長期銀行借款	$ 6,564,387	$ 274,758
可轉換公司債轉換成普通股	$ 172,269	$ 852,037
應付現金股利、董監事酬勞及員工紅利	$ 112,773	$ —
累積換算調整數	$ 77,375	$ 206,587

（請參閱後附財務報表附註暨正風聯合會計師事務所周銀來會計師及賴永吉會計師民國 98 年 6 月 4 日之查核報告書）

重整人：張秀雄　　李敦仁　　賴信澤　　經理人：李敦仁　　會計主管：章世璋

資料來源：公開資訊觀測站。

國家圖書館出版品預行編目資料

財報的秘密：探索財報數字內涵，掌握公司價值變化／張漢傑著.
一初版. 一臺北市：梅霖文化, 2009. 11
面； 公分. 一（Finance；39）
ISBN 978-986-6511-15-8（平裝）

1. 財務報表　2. 財務分析

495.47　98019405

FINANCE 39

財報的秘密

一探索財報數字內涵，掌握公司價值變化

作　　者：張漢傑
發 行 人：施宣溢
出 版 所：梅霖文化事業有限公司
Merlin Publishing Co., Ltd.
地　　址：台北市 106 大安區復興南路二段 200 號 3F
電　　話：02-23517298
e m a i l ：merlin.service@msa.hinet.net
出版日期：2009 年 11 月 2 日初版
書　　號：FINANCE 39
ISBN-13 ：978-986-6511-15-8
定　　價：新台幣 290 元
劃撥帳號：19908588　戶名：梅霖文化事業有限公司
（購書金額 500 元以下請加付掛號郵資 50 元）
讀者服務專線：02-23517298（團體訂購另有優惠）

總 經 銷：紅螞蟻圖書有限公司
地　　址：臺北市內湖區舊宗路二段 121 巷 28.32 號 4F
電　　話：02-27953656（代表號）　傳真：02-27954100

MerLin

Your Business Solution

MerLin

Your Business Solution